차재車載 네트워크 시스템

자동차

Automotive
Controller Area Network
Communication

CAN 통신
개념&실무

유재용 · 윤재곤 편저

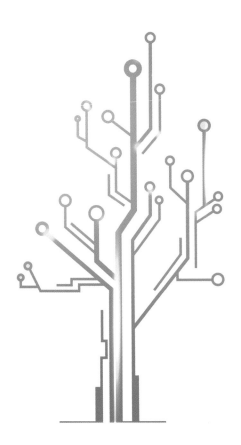

머리말

　오늘날 자동차는 첨단기술의 변화를 주도하는 그 중심에 서 있다.

　자동차의 변화는 기계적 시스템에서 전자적 시스템으로 급변하고 있기 때문이다. 그 중에서 통신이야말로 자동차에서 없어서는 안 될 가장 중요한 핵심 요소 중의 하나이다

　자동차의 전자화가 급진전되면서 현재 시판되고 있는 자동차에는 수 십 여개의 Control Unit이 탑재되어 있으며, 각 Unit 간 통신은 차량의 전 분야에 대한 **연비개선, 능동형 안전 관련 기술, 운전자의 편의성** 향상을 위해 실시간으로 능동적 대응을 담당하고 있다.

　특히, 자동차용 CAN통신에 의한 모든 소프트웨어 기술의 비중이 높아지고 있다. 자동차 CAN 네트워크에서는 두 가닥 전선(CAN-High/CAN-Low)을 통하여 전송되는 신호를 이용하여 자동차 네트워크에 초당 수천여개의 신호를 전송하고 있다. 이렇게 메시지를 담은 신호를 통하여 각 Control Unit은 자신이 관할하고 있는 센서 및 제어 값을 네트워크 신호화하여 다른 Control Unit과 유기적인 공유를 통하여 더욱 안정적인 제어를 할 수 있게 되는 것이다. 이러한 신호의 의미를 파악하고 진단하는 과정은 더욱 더 중요하지만 현장의 정비사들이 모든 신호의 내용을 알려고 하는 것은 그다지 쉽지 않다.

　따라서, 이 책의 구성은 통신의 깊이 있는 이론보다 현장에서 적용하고 있는 실무 이론과 실제 현장(Field)에서 발생된 실차 고장사례를 위주로 누구나 통신을 쉽게 실무에 적용할 수 있도록 유형별로 정리하였다.

　필자는 오랜 현장 경험을 통해 실무에서 체험한 기술들을 현업에 종사하고 있는 독자 중심으로 집필하려고 노력하였지만 흡족하지는 않을 것이다. 기술인으로서 지면에 담는 일이 녹록하지 않았다. 하지만 기회 있을 때마다 현장의 소리를 또 엮어볼까 한다.

　끝으로 이 책이 나오기까지 필요성을 공감하고 끝까지 많은 조언과 도움을 주신 골든벨 출판사의 이상호 실장님과 편집진 여러분께 감사를 드립니다.

2016년 2월
저자

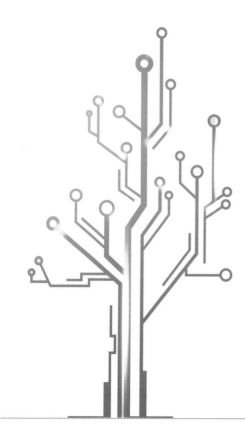

차례 · Contents

제3장 기아자동차 고장 사례 실무

제4장 기타 차종

제5장 현대자동차 CAN 계통도

제6장 기아자동차 CAN 계통도

제7장　쌍용자동차 CAN 계통도

부록　　차종별 약어 설명

제1장

자동차 통신

제 1장
자동차 통신

① 자동차 통신

　자동차 통신은 처음 시작될 때부터 자동차에 사용되는 모든 통신 응용의 요구를 충족할 수 있어야 한다는 데서 출발되었으며, 자동차에 적용시키기 시작하면서 통신은 열악한 환경, 특히 전자기적인 불안 요소에 기인한 어려운 환경에서도 작동할 수 있도록 고안되었다.

　현재의 자동차에는 많은 컨트롤러와 다양한 종류의 편의장치가 장착되었고 그에 따라서 배선 및 부품들이 갈수록 많이 적용되고 있기 때문에 그와 비례해서 고장의 발생 빈도가 높아지게 되는 것이 현실이다.

　이러한 단점을 줄이기 위해 센서 및 액추에이터를 감지하고 구동해야 하는 제어기의 수가 증가하기는 하지만 배선의 증가보다는 효과적인 방법으로 자동차의 각 컨트롤러 및 부품별로 공통으로 알아야 하는 정보를 상호 컨트롤러끼리 공유할 수 있는 통신을 적용하였다. 통신의 효과와 장점은 다음과 같다.

① ECU를 포함한 각종 제어기로 입력되는 신호선이 감소하여 배선의 경량화를 가질 수 있다.
② 전장품을 가장 가까운 제어기에 설치할 수 있어 전기장치의 설치장소 확보가 용이하여 시스템의 구축이 쉬워진다.
③ 배선의 감소에 의해 사용되는 커넥터의 수 및 접속점을 줄일 수 있어 고장률이 낮아지므로 시스템의 신뢰성을 향상시킬 수 있다.
④ 통신 단자를 이용하여 각 ECU의 자기진단 및 센서의 출력 값 등을 진단 장비를 이용하여 알 수 있어 정비성의 향상을 도모할 수 있다.

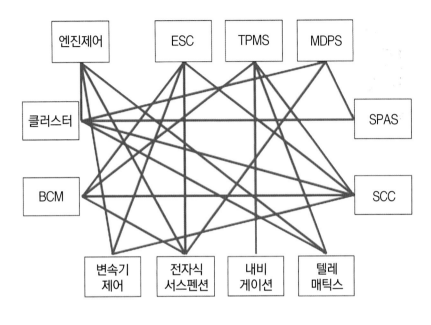

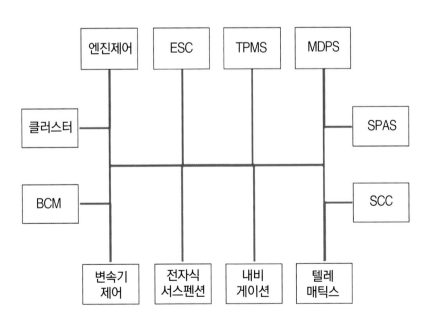

✳ **차량 내 통신의 필요성**

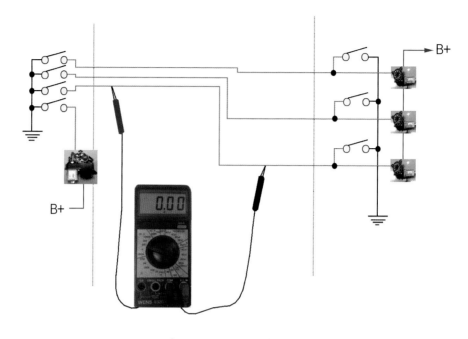

※ point-to-point 배선

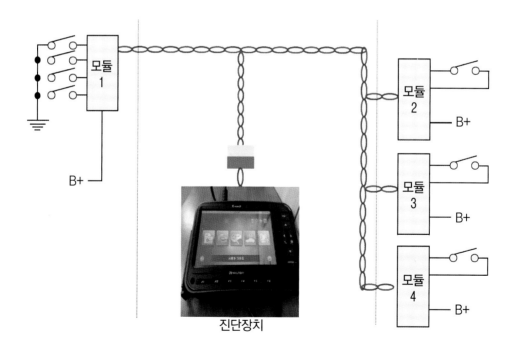

진단장치

※ CAN 통신 적용

② 자동차 네트워크

① 네트워크의 개요

네트워크(Network)는 Net＋Work의 합성어이다. Net는 본래 뜻이 '그물'이고 Work는 '작업'의 의미이다. 즉, 매개체가 상호 연결되어 있는 상태이다.

네트워크란 'Computer Networking'으로 매개체에 의해서 연결된 컴퓨터를 이용하여 정보를 공유하는 공간이며, 이러한 대화를 '통신한다'라고 한다.

또한 이러한 네트워크 통신을 하기 위해 ECU 상호간의 통신에 대한 규칙과 전송방법 및 에러(Error)의 관리 등에 대한 규칙을 정하여 정보를 교환하기 위한 통신규약을 프로토콜(Protocol)'이라 한다.

② 통신의 분류

1) 직렬 통신과 병렬 통신

데이터를 전송하는 방법에는 여러 개의 데이터 비트(Data bit)를 동시에 전송하는 병렬 통신과 한 번에 1비트(bit)씩 전송하는 직렬 통신으로 나눌 수 있다.

① 직렬 통신(serial communication)

컴퓨터와 컴퓨터 간 또는 컴퓨터와 주변장치 간에 비트 흐름(bit stream)을 전송하는데 사용되는 통신을 직렬 통신이라 한다. 통신 용어로 직렬은 순차적으로 데이터를 송·수신 한다는 의미이다. 일반적으로 데이터를 주고받는 통신은 직렬 통신이 많이 사용된다.

예를 들면, 데이터를 1비트씩 분해하여 1조(2개의 선)의 전선으로 직렬로 보내고 받는 방식으로 MUX(Multiplexer) 통신, CAN(Controller Area Network) 통신 등이 사용된다.

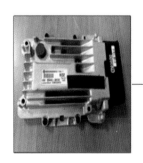 한 번에 1bit씩 전송

＊ 직렬 통신

② 병렬 통신(parallel communication)

병렬 통신은 보내고자 하는 신호(또는 문자)를 몇 개의 회로로 나누어 동시에 전송하게 되므로 자료를 전송하는 경우에 신속을 기할 수 있다. 그러나 회선 및 단말기를 설치하는 비용은 직렬 통신에 비해 많이 소요되나 전송하는 속도가 빠른 장점이 있다.

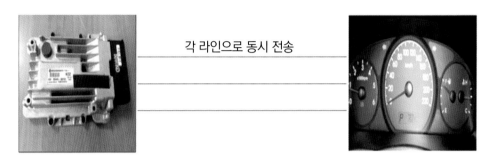

각 라인으로 동시 전송

병렬 통신

2) 비동기 통신과 동기 통신

① 비동기 통신

비동기 통신은 데이터를 보낼 때 한 번에 한 문자씩 전송되는 방식이다. 즉, 매 문자마다 스타트 비트(start bit)와 스톱 비트(stop bit)를 부가하여 정확한 데이터를 전송한다. 그러나 데이터 통신은 전압의 저하나 그 밖의 다른 재해로 인해 전송도중에 연결이 방해를 받아 비트(bit)의 추가나 손실이 발생될 수 있다.

예컨대 CAN 통신 방식은 통신선의 단선이나 단락에 의한 고장이 발생되어 시스템이 작동되지 않는 것을 방지하기 위해 2선으로 되어 있다. 즉, 1선에 이상이 발생되어도 또 다른 선에 의해 작동된다.

② 동기 통신

동기식 통신은 문자나 비트(bit)들을 시작과 정지 코드 없이 전송이 되며, 각 비트의 정확한 출발과 도착 시간이 예측 가능하나 데이터를 주는 ECU와 받는 ECU의 시간적 차이를 막기 위해(시작과 끝을 감지하기 위해서) 별도의 SCK(Clock 회선)선이 추가되어야 한다. 3선 동기 통신 방식의 경우에는 3선 동기 통신 중 가장 중요한 신호는 SCK 선이다.

이 클럭 선에 문제가 발생되면 데이터가 출력되어도 시스템이 작동되지 않는다. 하지만 TX 선이나 RX 선이 이상이 발생하면 해당되는 기능만 작동되지 않는다.

3) 단방향과 양방향 통신

 통신 방식에는 통신선 상에 전송되는 데이터가 어느 방향으로 전송되고 있는가에 따라 구분할 수 있다. 시리얼 통신의 경우에는 여러 가지 작동 데이터가 동시에 출력되지 못하고 순차적으로 출력되는 방식을 말한다. 즉, 2개의 신호가 동시에 검출될 경우 정해진 우선순위에 따라 우선순위인 데이터만 인정하고 나머지 데이터는 무시하는 것이다. 이 통신은 단방향, 양방향 모두 통신할 수 있다.

① 단방향 통신

 정보를 주는 ECU와 정보를 받고 실행만 하는 ECU가 통신하는 방식이다. 단방향 통신이 자동차에 적용된 사례는 MUX 통신과 PWM(Pulse Width Modulation) 방식이 있다.

② 양방향 통신

 양방향 통신은 ECU들이 서로의 정보를 주고받는 통신 방식이다. 즉, 서로의 정보를 주거나 받을 수 있다는 것으로 CAN 통신 방식이 대표적이다.

❸ 네트워크 구성

 자동차에 적용되는 통신은 종류에 따라 사용되는 범위나 속도 그리고 통신을 운영하는 (프로토콜)방식에 차이가 있어 적절하게 적용하여야만 최적의 성능을 발휘할 수 있다
 만일 고속 방식(C-AN)으로 차량의 네트워크 전체를 구성하면 데이터의 양이 적고 전송의 속도가 느려도 되는 제어기(와이퍼, 도어 록 등)의 경우는 빠른 통신 속도를 충분히 활용하지 못하여 불필요한 비용의 상승을 초래한다.
 반대로 낮은 속도의 통신 방식(B-CAN)으로 네트워크 전체를 구성하면 엔진 및 변속기처럼 대용량의 데이터가 실시간에 가깝게 전송되어야 하는 환경에서 데이터의 병목현상이 발생되고 정확한 제어가 되지 않아 주행 안전 성능의 저하를 가져온다.
 또한 적절한 속도의 통신 방식으로 네트워크 전체를 구성한다 하더라도 최대 60개가 넘는 제어기가 하나의 네트워크를 구성하면 통신량이 증가하여 원활한 제어가 이루어지지 않는다.
 따라서 각 제어 장치의 특징, 전송 속도, 데이터의 양에 따라 몇 가지 그룹으로 분류하고 그 그룹에 맞는 통신 방식을 적용하여 네트워크를 운영한다. 현재 차량에 적용중인 통신 네트워크는 크게 3가지로 나눌 수 있다.

① 엔진, 변속기, VDC(Vehicle Dynamic Control) 등 주행 안전에 관련된 제어기와 신속한 정보를 받아 안전에 대한 제어를 수행하는 에어백 ECU 등은 통신 속도가 높은 고속 CAN(C-CAN)으로 네트워크를 구성한다.

② BCM(Body Control Module), SJB(Smart Junction Box), 다기능 스위치와 같이 운전자의 조작으로 시스템이 구동되는 바디 제어와 관련된 제어기는 통신 속도는 다소 낮지만 고장에 대한 저항력이 높은 고장용인(Fault Tolerant) 저속 CAN(B-CAN)으로 네트워크가 구성된다.

③ 비디오, 오디오, 앰프와 같은 멀티미디어 장치의 경우에는 고장용인 저속CAN(M-CAN)으로 네트워크를 구성한다.

1) CAN 통신

CAN 통신은 'Controller Area Network'의 앞 글자를 따서 캔(CAN)이라 한다. CAN 통신은 ECU 간의 디지털 직렬 통신을 제공하기 위해 1988년 보쉬와 인텔에서 개발된 자동차용 통신 시스템이다.

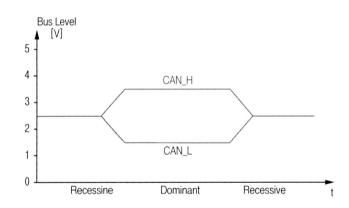

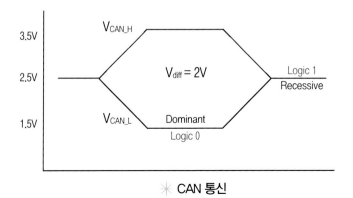

✳ CAN 통신

CAN은 열악한 환경이나 고온, 충격이나 진동 노이즈가 많은 환경에서도 잘 견디기 때문에 차량에 적용되고 있으며, 다중 채널식 통신법이기 때문에 유닛 간의 배선을 대폭 줄일 수 있다.

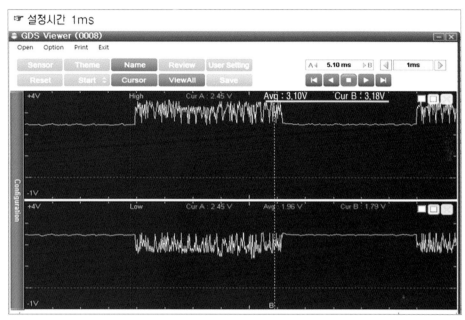

* C-CAN 파형

* **자동차에 적용된 CAN 통신 종류**

네트워크 범주	통신 속도	적용	기타
CAN A 네트워크	10kbps 미만	전동 미러, 선루프, 레인 센서 등 편의장치	K-Line LIN
CAN B 네트워크	10~125kbps	파워 윈도우, 시트 제어 등의 저속 제어	저속 CAN
CAN C 네트워크	125k~1Mbps	파워트레인, 주행 안정장치 등의 실시간 제어	고속 CAN
CAN D 네트워크	1Mbps 미만	인터넷, 디지털 TV 등의 제어	MOST

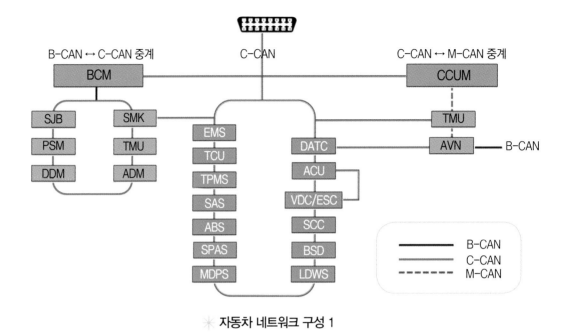

B-CAN ↔ C-CAN 중계　　　　　C-CAN　　　　　C-CAN ↔ M-CAN 중계

BCM　　　　　　　CCUM

SJB　　SMK　　　　　　　　　　　　TMU

PSM　　TMU　　EMS　　　　　DATC　　　　AVN ── B-CAN

DDM　　ADM　　TCU　　　　　ACU

　　　　　　　TPMS　　　　VDC/ESC

　　　　　　　SAS　　　　　SCC

　　　　　　　ABS　　　　　BSD

　　　　　　　SPAS　　　　LDWS

　　　　　　　MDPS

	B-CAN
	C-CAN
	M-CAN

＊ 자동차 네트워크 구성 1

CGW(Central Gate Way)

P-CAN	BUS	C-CAN	BUS	M-CAN	BUS	B-CAN	BUS
ODS	PSB	SPAS	ECS	RRC	CCP	BCM	SMK
AAF		ACU	SAS	Clock		DDM	ADM
EVP		VDC	HUD			PSM	SCM
TCU	AWD	AVM	CLUM			MFS	SWRC
AAF	FPCM	PGS	MDPS			PTLM	HSWS
IDB	DATC	LDWS	TPMS			SJB	SLB
	AHS	ASCC	EPB				

＊ 자동차 네트워크 구성 2

중앙 게이트웨이(CGW ; Central GateWay) 모듈은 CAN 버스 네트워크(P-CAN, C-CAN, B-CAN, M-CAN) 모두가 함께 연결되어 있으며, 컴퓨터 네트워크의 라우터와 유사한 역할로 다른 버스 사이의 데이터 교환을 허용하는 역할을 수행한다. CGW는 하나의 버스 메시지를 수신하여 메시지를 변경하지 않고 다른 버스에 그 메시지를 전송할 수 있다.

여러 메시지가 동시에 전송되는 경우 메시지의 일부는 버퍼에서 캡처 되고, 우선순위에 기초하여 전송이 된다. 또한 CAN 네트워크를 모니터링하고 고장을 검출하면 네트워크 DTC(Diagnostics Trouble Code)를 기록하게 된다.

2) LIN 통신

차량에는 BCM 기능, 세이프티 파워윈도 제어, 리모컨 시동 제어, 도난방지 기능, IMS(Integrated Memory System) 기능 등 많은 편의 사양이 적용되어 있다. 이처럼 많은 시스템 모두에 CAN 통신과 같은 고속 통신을 적용하게 되면 차량의 비용을 상승시키는 요인이 된다. 그러므로 고속 통신을 필요로 하지 않는 제어기에 CAN 통신보다 하위 속도를 유지하는 통신을 배치하여 통신하는 방식을 LIN(Local Interconnect Network) 통신이라 한다.

이러한 통신은 12V의 기준 전압으로 1선 통신을 수행하며 마스터, 슬레이브 제어기가 구분되어 있다. 시스템에서 요구하는 일정한 주기로 마스터 제어기가 데이터의 요구 신호를 보내면 슬레이브 제어기는 마스터 제어기가 보내는 신호(Header) 뒤에 자신이 보내는 데이

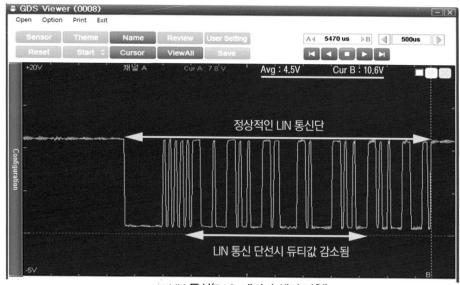

✳ LIN 통신(PAS, 배터리 센서 파형)

터를 덧붙여(Response) 통신을 완성한다. LIN 통신이 주로 적용되는 시스템에는 BCM(마스터)과 초음파 센서(슬레이브)로 구성된 주차 보조 시스템과 와이퍼 모터 등에 적용된다.

※ 실제 CAN, LIN 통신은 필드에선 통신 속도가 빠르기 때문에 통신 파형의 분석은 무의미하며, 기준 파형이 출력되는 경우 통신라인 및 CAN IC에는 문제가 없다고 판단해도 무방하다.

3) MOST 통신

멀티미디어를 구성하는 제어기는 M-CAN으로 네트워크가 구성되어 정보를 공유한다. 그러나 고품질의 영상과 같은 실시간, 대용량의 데이터가 필요한 경우에는 CAN 통신으로 대응할 수가 없기 때문에 MOST가 적용되었다.

MOST를 구성하는 제어기는 광케이블을 매개체로 하는 광통신 순환 구조(네트워크가 링 형상을 구성)를 가지며, 외부의 잡음에 강하다.

4) KWP 2000

기본적인 구성은 K-Line과 동일하지만 데이터 프레임의 구조가 다른 ISO 14230에서 정의한 프로토콜을 기반으로 차량의 진단을 수행하는 통신 방식이다. 진단 통신을 수행하는 제어기 수가 증가하면서 진단장비가 여러 제어기 또는 특정 제어기를 선택하여 통신할 수 있도록 구성되었으며, 통신 속도가 K-Line에 비하여 빠른 데이터 출력이 가능하다.

현재 CAN 통신이 적용되지 않는 제어기의 진단 통신(FATC 포함) 및 BCM의 리모컨 입력(스마트 키 제외)용으로 사용되고 있다.

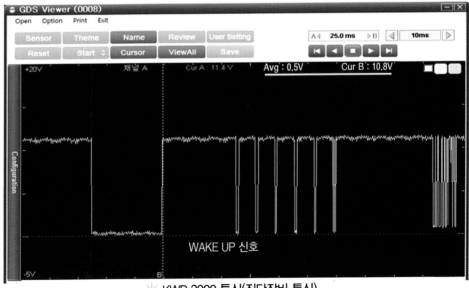

✳ KWP 2000 통신(진단장비 통신)

5) K-Line 통신

차량의 제어기와 진단장비 간의 통신을 위하여 적용 되었으며, 진단 통신을 필요로 하는 제어기의 수가 적어서 진단장비와 일대일 통신 위주로 사용한다. ISO 9141-2에서 정의한 프로토콜을 기반으로 차량의 진단을 위한 K-Line이라 불리며, 현재 이모빌라이저 또는 버튼 시동 시스템의 이모빌라이저 인증(시동 인증)을 위한 통신 라인에 사용되고 있다.

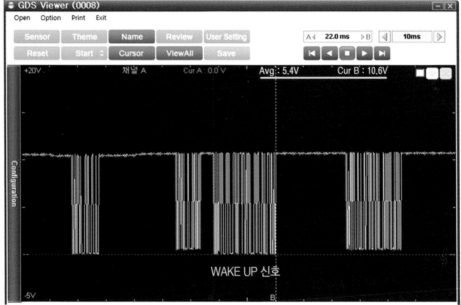

✳ K-KINE 통신(이모빌라이저 인증 신호)

6) 자동차에 적용된 통신 종류

✳ 주요 통신 방식 비교

구분	LIN	CAN	MOST	FlexRay
최대 전송 속도 [bps]	19.2 k	1 M	150 M	10 M
전송 선로	Single Wire	Twisted Wire	POF (플라스틱 광섬유)	Twisted Wire
1회 전송 데이터	1 ~ 8 byte	0 ~ 8 byte	0 ~ 1,008 byte	0 ~ 254 byte
특징	저가형, 마스터/슬레이브	Fault Tolerant, 멀티 마스터	광통신, 노이즈에 강함	고용량/고신뢰성, 실시간 통신
주요 적용 시스템	바디 편의 장치, 저가형 센서	파워트레인, 섀시 안전, 바디 편의 멀티미디어, 진단	인포테인먼트	파워트레인, 섀시 안전
Cost (상대)	小	中	大	大

✳ CAN 통신 방식 비교

구분	P-CAN	C-CAN	D-CAN	B-CAN	MOST
통신 구분	High Speed		UDS: Unified Diagnosis Service (통합 진단 서비스 규약)	Fault Tolerant (고장용인)	MOST 150
통신 주체	멀티 마스터			멀티 마스터	순환(Ring) 방식
통신 라인	Twist Pair Wire (2선)			Twist Pair Wire (2선)	광케이블
통신 속도	500Kbit/s (최대 1Mbit/s)			煤Kbit/s (최대 125Kbit/s)	25Mbit/s (최대 150Mbit/s)
기준 전압	2.5V			0V/5V	–
적용 범위	• 파워트레인, 섀시, 진단장비 통신 제어			바디 전장 제어	멀티미디어 제어
주요 특징	통신 라인 고장에 민감			통신 라인 고장 대응 가능 (1선 통신 가능)	외부 잡음에 강함

③ 통신 네트워크의 점검

❶ 네트워크 진단

자동차 통신은 진단의 편의성을 고려하여 설계되었다고 이해하지만 막상 고장이 발생된 부분이 통신에 관련된 고장으로 표출되면 무엇을 우선으로 점검해야 하고, 어떤 방법으로 점검해야 하는지 난감해진다. 기존의 전기회로처럼 단순하게 0V와 12V의 개념으로 램프 테스터기의 램프 점등이나 멀티 테스터기에서 수치의 변동만을 가지고는 점검이 용이하지 않기 때문이다.

또한 자기 진단기를 이용하여 진단을 하더라도 표출하는 고장코드를 제대로 이해하지 못하면 점검과 진단이라기보다는 단순한 단품의 교체 방법으로 정비를 할 수 밖에 없을 것이다. 그래서 통신에 관한 정비를 하기 위해서는 다음과 같은 통신의 전반적인 상황을 이해하고 지식을 습득하는 것이 우선 시 되어야 할 것이다.

① CAN 통신에 관련된 각 시스템을 이해한다. 각 컨트롤러-송·수신 제어기가 어떤 통신 방식을 사용하는지를 파악한다.

　예) P-CAN, C-CAN, B-CAN, M-CAN, LIN, KWP-2000, MOST 등

② CAN 통신과 관련된 기본적인 이론들을 학습 한다

　예) 통신 ERROR의 종류와 의미, 종단 저항의 의미와 측정 방법 등

③ CAN 통신과 관련된 회로를 보고 분석할 수 있다.

　예) CAN 배열도 및 와이어 결선도를 파악해서 커넥터의 위치와 각각의 컨트롤러를 점검 할 수 있다.

④ 실차에서 발생된 고장 현상들을 보고 원인을 파악할 수 있다.

　예) CAN 통신 주선 및 지선의 단선 및 단락, 단품 불량, 회로의 접촉 불량 시 현상 등

⑤ 진단 장비를 통해서 효과적인 진단을 할 수 있다.

　• 파형 측정 장비와 멀티 테스터를 이용한 종단 저항과 연관된 주선과, 지선의 단선, 단락 여부 확인

　• CAN 통신단 기준 전압 및 통신 파형 등을 차종별로 정리하고, 이를 바탕으로 분석하여 원인을 파악할 수 있다.

⑥ CAN 통신 고장은 대부분 과거의 고장이기 때문에 증상이 재현되지 않으므로 원인의 파악이 쉽지 않다. 그래서 과거의 고장을 토대로 CAN 관련 모듈의 DTC를 종합하여 고장 증상을 바탕으로 역으로 추정할 필요가 있다.

우선 진단 정비의 기본이 되는 통신 ERROR의 종류와 종단 저항의 측정을 통한 고장의 범위와 내용을 점검하고자 한다.

1) 통신 ERROR

프로토콜(protocol)의 에러는 통신 방식의 오류를 검출하고, DTC는 통신 내용의 오류를 표현하는 것이다. 즉 CAN 통신 프로토콜에서는 데이터의 송신 및 수신이 정상으로 이루어졌는지를 판단하기 위하여 데이터의 흐름에 대한 에러를 관리하며, 데이터를 송·수신하면서 지속적으로 에러를 발생시키는 제어기가 네트워크에 영향을 주지 못하도록 송신 및 수신 등의 에러가 발생되었을 경우 확인하여 네트워크로부터 분리시키기 위한 에러 관리를 수행한다.

에러 관리는 데이터 처리를 제대로 하지 못하는 제어기를 네트워크로부터 BUS OFF시켜 원활한 통신이 이루어지도록 프로토콜에서 지원하는 기본적인 통신 방식에 대한 관리이다.

종류로는 정상적으로 제어하지 못하는(고장이 발생한) 제어기를 네트워크에서 BUS OFF 시키는 방법과 수신되는 데이터 에러를 네트워크에 연결되어 있는 다른 제어기에 에러를 알리는 방법으로 나눌 수 있으며, 지속적으로 데이터를 잘못 보내는 제어기는 스스로 에러를 판단하여 네트워크에서 이탈된다. 또한 올바르지 못한 데이터를 수신한 제어기는 즉시 이를 다른 제어기에 알려서 데이터를 사용하지 못하도록 한다.

2) CAN 통신 Error 종류

CAN 통신에 관련되는 Error는 다음의 5가지 종류로 분류할 수 있으며, 현장 실무에서 Error가 많이 발생되는 내용으로는 CAN BUS-OFF, CAN TIME-OUT, CAN MES-SAGE ERROR의 3가지라 할 수 있다.

- CAN BUS-OFF
- CAN TIME-OUT
- CAN MESSAGE ERROR
- CAN LENGTH ERROR
- CAN DELAYED ERROR

❋ CAN 통신 에러

CAN 통신에서 많이 발생하는 3가지 ERROR의 종류와 출력의 조건 등은 다음과 같다.

✳ ERROR 의 종류

ERROR 종류	ERROR 출력 조건 및 내용
BUS-OFF	– 모듈이 데이터를 전송하지 못할 경우 출력된다. ① 송수신 제어기 불량으로 인한 BUS OFF 발생시 ② CAN 라인이 배터리 전원에 쇼트 발생시 ③ CAN 라인(High & Low Line)이 접지 쪽에서 쇼트 발생시 ④ CAN High/Low 라인 동시에 접지 쪽에서 쇼트 발생시 ⑤ CAN 라인 단선 발생시 ⑥ CAN 라인 관련 커넥터 상태(느슨함, 접촉 불량, 부식, 오염, 변형 등)
TIME-OFF	– 다른 제어기로부터 일정 시간동안 원하는 메시지를 받지 못할 때 출력 된다. ① CAN 통신 시간이 초과 되었을 때 ② 응답 지연 및 제어기 자체 고장 등으로 인한 통신 불가상태 발생시(단품 문제 및 전원 문제 발생 시)
MESSAGE -ERROR	– CAN Message가 Error로 수신되는 경우 출력된다. ① 송신 제어기 고장 발생 시 ② CAN 라인 외부 영향으로 인한 데이터 손상, 전송 데이터가 유효하지 않을 때 ③ 규정값 범위를 벗어났을 때 ④ CHECK SUM ERROR 검출 시 ⑤ 커넥터 접촉 불량 발생 시

① BUS-OFF

CAN BUS-OFF DTC(고장 코드)는 제어기가 CAN 통신 라인을 통해 데이터를 송신하지 못할 때 발생되는 고장 코드이고 ACK(Acknowledge) Slot 신호 미 수신시 발생하는 과거의 고장이다. 각각의 CAN 제어기 내부는 송신(Tx)과 수신(Rx)시 데이터의 오류를 감지할 수 있게 되어 있으며, 임의의 제어기가 BUS OFF 상태를 감지하면 정해진 시간 내에 리셋(Reset)하여 다시 통신을 재개한다.

통신 실패의 감지가 수회 이상 연속으로 발생되면 제어기는 BUS OFF DTC를 발생시킨다. 통신 실패의 감지 누적으로 BUS OFF DTC가 발생되면 제어기는 더 이상의 데이터 전송 및 수신을 금지하였다가 네트워크가 정상적으로 복구되었을 경우에는 메시지 전송을 즉시 재개한다.

송신 제어기를 제외한 모든 제어기는 수신된 메시지가 없으면 ACK를 발생시킨다. 송신 제어기는 데이터를 보낸 후 그 데이터가 정상적으로 수신 제어기가 받았는지 ACK Slot 값을 인식하도록 되어있고, 송신 제어기가 데이터를 보낸 후 수신 제어기로부터 ACK의 응답이 없으면 이것을 감지하여 일정 횟수 이상 오류가 감지되면 BUS-OFF DTC가 발생되고, ECM으로부터 DATA를 받은 제어기들은 TIME-OUT의 DTC를 출력시킨다.

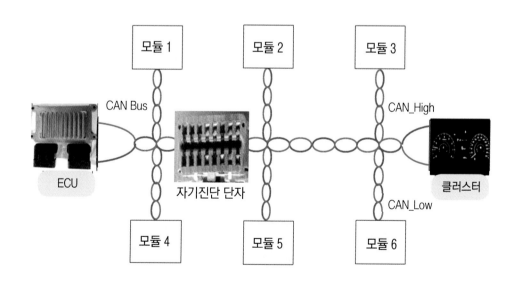

DTC 발생 – U0001 (ECM)

✳ CAN BUS OFF

② TIME-OUT

TIME OUT DTC는 수신 제어기가 송신 제어기로부터 일정시간 동안 원하는 메시지를 받지 못할 때 발생한다. TIME-OUT 감시가 메시지 수신에 의해 시작된 후 다음 메시지는 그 메시지의 TIME-OUT 주기 이내에 수신되어야 하며, 같은 ID를 가진 메시지가 TIME-OUT 주기 이내에 수신되지 않는다면 해당 제어기는 통신 에러가 발생되었다고 판단하여 TIME-OUT DTC를 발생시킨다.

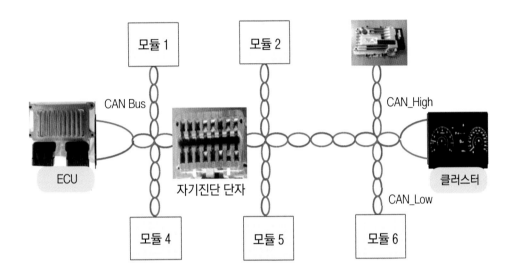

DTC 발생 – U0100 (TCM) – 각 제어기들과의 통신 불량으로 인한 DTC 표출

※ CAN TIME OUT

③ Message-Error

Message Error는 수신 제어기가 수신한 데이터를 분석하여 메시지가 에러로 판단되는 경우에 발생시키는 DTC이다. 즉, Message Error DTC는 데이터를 수신하는 제어기에서 발생시키는 DTC로 송신 제어기는 Message Error DTC를 발생시키지 않는다.

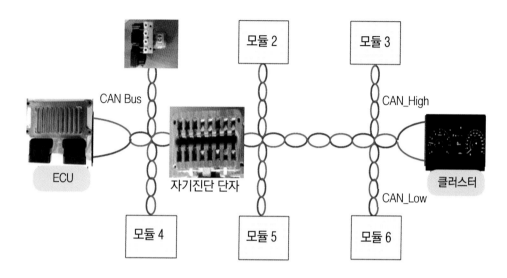

DTC 발생 – C1648(VDC)
-ECM으로부터 유효하지 않는 메시지를 수신할 경우 발생되는 Message error DTC

※ CAN Message Error

 참고

〈 진단기기가 고장 코드를 읽어오는 절차 〉

1. 16 PIN 자기진단 커넥터에서 진단기기가 각종 유닛에게 각각의 고장코드를 물어본다.
2. 해당 유닛은 가지고 있는 고장코드 정보를 진단기기로 알려준다.
3. 16 PIN 자기진단 커넥터와 통신이 되지 않는 유닛은 '통신 응답 없음/시스템 장착 유무, IG KEY. DLC 를 확인하시오' 라는 문구를 띄운다.

〈 차량의 통신이 되지 않는 이유 〉

- 진단 차량에 적용되지 않은 사양이다.
- 해당 유닛의 전원 공급에 문제가 있다.
- 진단 커넥터와 해당 유닛간의 배선에 문제가 있다.
- 진단 통신은 자기진단 커넥터의 K-라인에 연결되어 있는 유닛은 K-라인 통신으로, CAN으로 연결되어 있는 유닛은 CAN 통신을 사용한다. 만일 FATC와 같이 CAN과 K-라인 두 종류의 통신이 연결된 경우 에는 진단 통신은 K-라인 통신을 사용한다.

3) 종단 저항(Termination Resistor)

CAN 통신에서 종단 저항을 사용하는 이유는 다음과 같다.

① 고속 신호 전송 시 네트워크 상에서 반사파 에너지를 흡수함으로써 신호의 안전성 확
   보하기 위함이다.

② 일정한 전압의 레벨을 유지하기 위해 적절한 부하를 제공하기 위함이다.

❋ OBD 커넥터를 이용한 종단저항 측정– IG OFF조건

❋ 참고

〈 종단저항 측정 시 유의 사항 〉

  1. 반드시 KEY OFF 상태에서 측정한다.
  2. 종단 저항 측정 시 수 kΩ이 측정되면 슬립모드로 진입이 안되는 유닛이 있기 때문이다.(KEY OFF 후
     슬립모드로 진입하는 상황에서 진입하지 못하는 것은 고장이다)
  3. 배터리를 탈착 후 측정하면 정확하나 배터리 탈착 시에 고장 현상이 없어질 수 있다.

〈 정상 종단 저항은 60 Ω이 측정된다. 〉

  – 종단 저항은 120Ω의 저항 두 개가 병렬로 연결되어 있어 합산 저항 값은 약 60 Ω이 측정된다. 일반적
    으로 제어기에서의 종단 저항은 120±10Ω이 측정되기 때문에 합산 저항은 약 60Ω이 측정되는 것이다.

4) 종단 저항의 측정

① 종단 저항의 연결

자동차의 통신 Line에는 약 110개의 컨트롤러가 같이 연결되어 있으며, 각각 120Ω의 종단 저항 2개가 설치되어 있다.

일반적으로 120Ω의 저항 1개는 ECU에 설치되어 있고, 다른 한 개의 120Ω 저항은 클러스터(계기판)나 SJB(Smart Junction Box)에 설치되어 있으며, 각종 모듈은 그 사이에 설치되어 상호간 통신 임무를 수행한다.(단, 어떤 모듈은 저항이 설치된 모듈-클러스터(계기판)나 SJB, 이 외에도 설치되어 저항의 변화에 영향을 미치지 않는 것도 있다)

120Ω의 종단 저항 2개는 병렬로 연결되어 있기 때문에 합산 저항의 값은 60Ω이 측정된다. 그리고 단품의 종단 저항은 120±10Ω이 측정되며, 일반적으로 합산 저항은 약 60Ω이 측정된다.

만약 종단 저항을 측정할 때 수 kΩ이 측정되면 슬립모드에 진입되지 않는 유닛이 있기 때문이다(KEY OFF 후 슬립모드로 진입하는 상황에서 진입하지 못하는 것은 고장이기 때문에 점검이 필요하다). 이때는 배터리를 탈착한 후 측정하면 정확하나, 배터리 탈착 시 고장 현상이 없어질 수 있기 때문에 고장진단의 어려움이 발생할 수 있다.

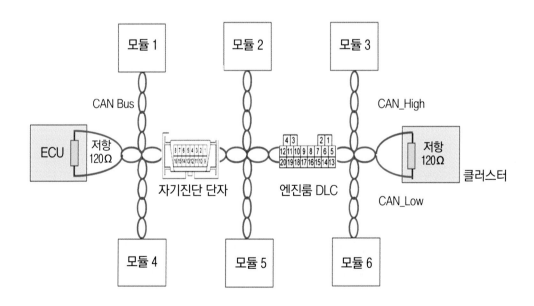

❋ CAN 종단 저항의 연결

② 종단 저항 60Ω 측정(정상 상태)

IG OFF 상태에서 회로의 CAN high 라인과 low 라인과의 선간 저항을 측정하여 그림과 같이 60Ω이 측정되면 정상이다. 이는 120Ω의 저항이 병렬로 연결되어 있기 때문이다.(종단 저항 체크는 전원이 완전 차단된 상태에서 체크하여야 한다. 즉 IG OFF에서 측정하여야 한다.)

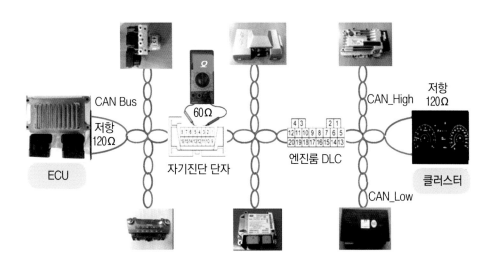

＊ 종단 저항 60Ω 측정(정상 상태)

③ 종단 저항 60Ω 측정(비정상 상태)

IG OFF 상태에서 회로의 CAN high 라인과 low 라인과의 선간 저항을 측정하여 그림과 같이 60Ω이 측정되었지만 정상이 아닌 경우이다. 이는 종단 저항이 설치되지 않은 컨트롤러(그림에서 모듈 A나 모듈 B)의 내부나 커넥터 또는 CAN 라인(모듈 A나 모듈 B에 연결된 라인)에 문제가 발생되어 차단(단선)이 될 경우 병렬회로인 종단 저항과는 상관없는 문제이기 때문에 저항은 정상적인 60Ω이 체크된다.

이 경우에는 단순 저항 측정만으로는 고장여부를 확인하기 어렵다. 또한 주선의 배선 접촉이 불량한 경우 60~120Ω 사이의 값이 측정된다. 저항의 크기에 의해서 보면 배선의 접촉 불량으로 60Ω의 저항이 발생하면 합성 저항은 72Ω이고. 배선의 접촉 불량으로 120Ω의 저항이 발생하면 80Ω의 저항이 발생한다.

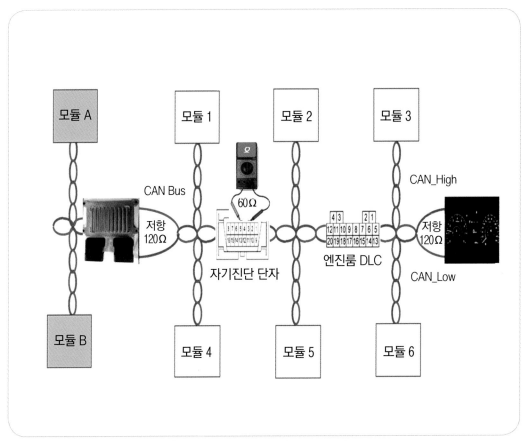

✳ 종단 저항 60Ω 측정(비정상 상태)

　어떤 특정의 컨트롤러가 내부적으로나 CAN 통신선 CAN high나 low선 중 한 선이 차체와 단락되었을 경우에 테스터기의 (+)리드선을 통신선에 연결하고 테스터기의 (−)리드선을 차체에 접촉시켜 측정을 하면 60Ω이 측정된다.

　이러한 60Ω의 측정치는 정상적인 값이지만 실제 회로에서는 단락의 문제로 고장이 발생하였기 때문에 클러스터에 경고등의 점등이나 고장 증상 등의 문제가 발생되는 것이 일반적이다.

　따라서 출력되는 전압이나 파형의 점검을 통하여 이상여부를 판단하는 점검 방법으로 진행하여야 한다. 출력 전압을 점검하는 경우에는 High Line의 경우에는 대략 2.5V가 측정되고, Low Line의 경우에는 대략 2.3V의 전압의 측정된다.

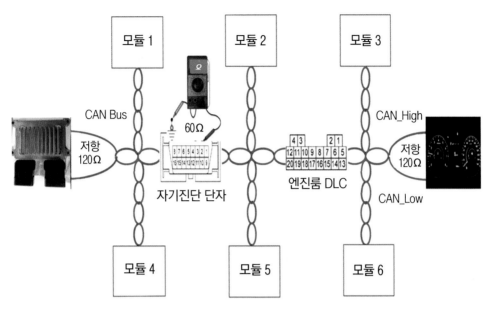

✳ 종단 저항 60Ω 측정(단락)

그러나 CAN high 또는 low 선이 차체와 단락되었을 경우에 테스터기의 (−)리드선을 통신선에 연결하고 테스터기의 (+)리드선을 차체에 접촉시켜 측정하면 0Ω이 측정된다. 이는 차체끼리 연결이 되기 때문에 도통이 되는 것이다.

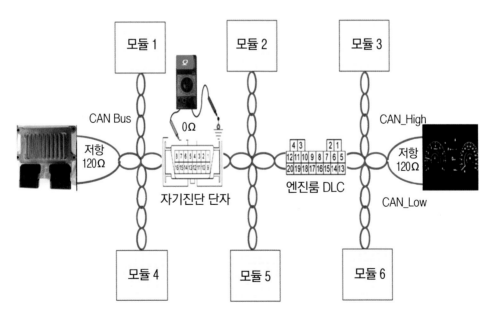

✳ 종단저항 0Ω 측정(단락)

④ 종단 저항 120Ω 측정(단선시)

　IG OFF 상태에서 회로의 CAN high 라인과 low 라인과의 선간 저항을 측정하여 그림과 같이 120Ω이 측정되면 단선의 문제이다. 주선이 단선된 경우 종단 저항이 있는 2개의 유닛 중 하나의 유닛 저항만이 측정되는데 종단 저항이 장착된 컨트롤러의 커넥터에 문제가 발생되어 차단(단선)이 될 경우 병렬회로인 하나의 저항이 차단된 경우와 같기 때문에 120Ω이 측정된다.

　2개의 유닛 중 탈착하기 쉬운 유닛 하나를 탈착하고 측정된 저항 값의 변화를 보고 판단한다. 그림에서는 단선 위치가 측정 위치를 기준으로 회로 상 왼쪽(모듈1과 모듈2 사이의 CAN 라인)에서 단선된 경우 ECU를 탈착하여도 저항 값은 변화 없이 120Ω이 측정된다. 그러나 왼쪽의 단선 상태에서 측정위치를 기준으로 오른쪽의 클러스터(계기판) 커넥터나 배선이 단선된 경우에는 저항 값이 측정되지 않는다.

　종단 저항이 있는 유닛을 탈착한 후 측정위치를 바꿔 가면서 점검하면 단선의 위치를 찾을 수 있다.

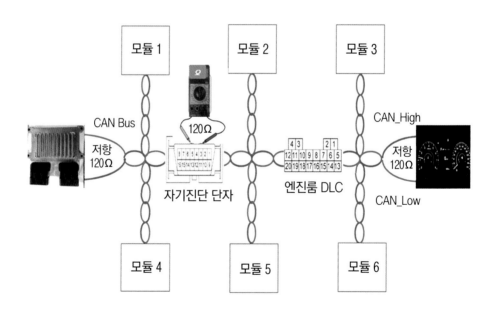

＊ 종단저항 120Ω 측정 (단선시)

　종단 저항을 측정하기 위해 모듈별로 정리하고 각각의 종단 저항을 측정하면 다음 그림과 같다.

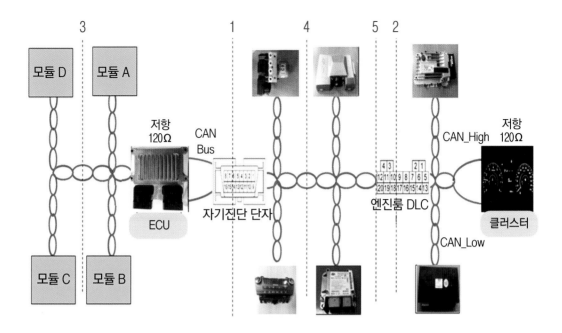

㉮ 1이나 2에서 측정된 종단 저항은 60Ω이다.

(ECU와 클러스터에 각각 120Ω이 병렬로 연결된 상태이다)

㉯ 메인인 ECU와 클러스터가 정상이라면 다른 모듈을 탈거해도 통신은 가능하다.

(루프 형성되어 있기 때문이다)

㉰ 3이 단선일 경우 1, 2는 모두 정상인 60Ω이 측정된다.

ECU를 탈거하거나 클러스터를 탈거해도 120Ω이 측정된다.

㉱ 4가 단선일 경우 1, 2는 모두 120Ω이 측정된다.

ECU를 탈거하거나 클러스터를 탈거해도 120Ω이 측정된다.

㉲ 임의로 5를 빼고 4에 문제가 생겨도 1, 2는 모두 120Ω이 측정된다. ECU를 탈거하면
2에서 측정할 때 저항 값은 0Ω이고, 1에서 측정할 때 저항 값은 120Ω이다.

5) 통신 파형 측정

통신의 이상 유무를 점검하기 위하여 종단 저항을 측정하는 방법은 기본적인 점검으로 출력되는 전압과 파형을 측정하여 이상 유무를 확인하여야 한다. 다음은 통신을 측정하는 방법과 각각의 파형들에 대해 확인하기로 한다.

＊ 통신 파형 측정 위치

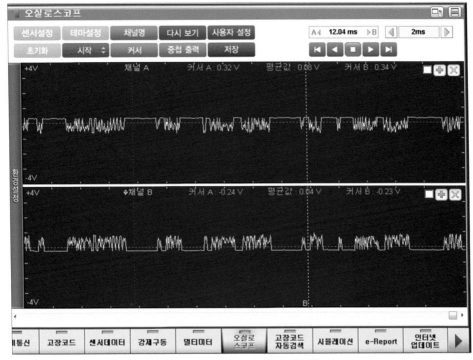

✳ Chassis–CAN 정상 출력 파형

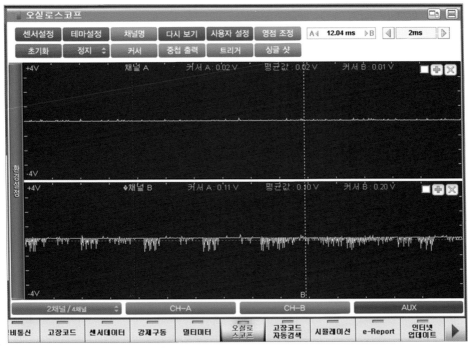

✳ C–CAN high단 단락 시 파형

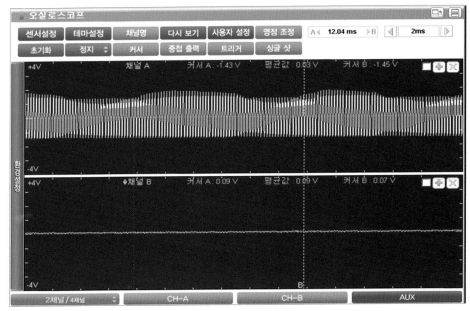

✳ C-CAN low단 단락 시 파형

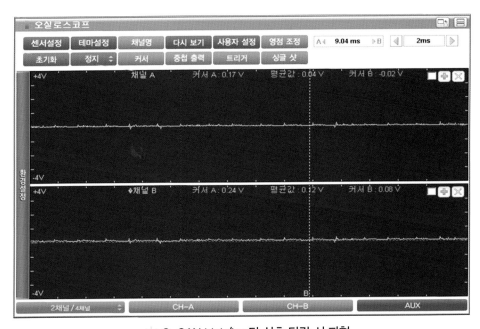

✳ C-CAN high/low단 상호 단락 시 파형

C-CAN/P-CAN/H-CAN 통신에서 high, low단 둘 중 하나의 라인에 문제가 있어도 통신이 불안정 하며, 때에 따라선 통신이 가능할 경우도 있다.

※ C-CAN low단 기준 전압

※ C-CAN high단 기준 전압

※ 차량 SLIP MODE 미진입 시 종단 저항
※ CAN 라인의 전압 출력시 저항값 유동됨

※ 차량 SLIP MODE 진입 시 종단 저항

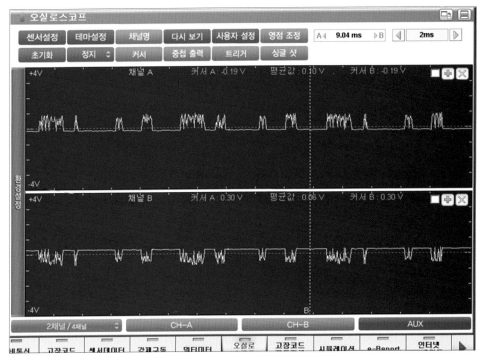

✳ Hybride—CAN 정상시 출력 파형

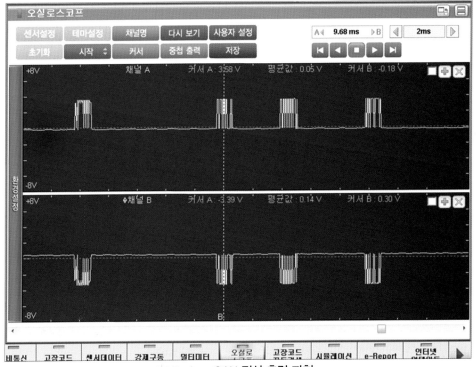

✳ Body – CAN 정상 출력 파형

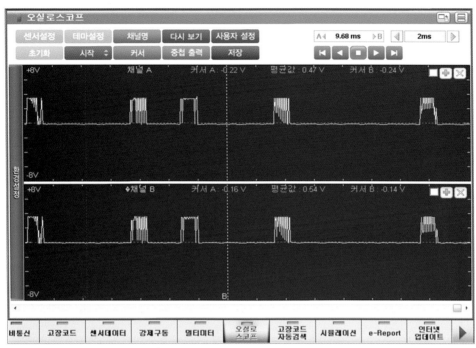

✳ Body—CAN 상호 단락시 출력 파형
※이때, 스캔 툴 정상적인 통신은 가능하다.

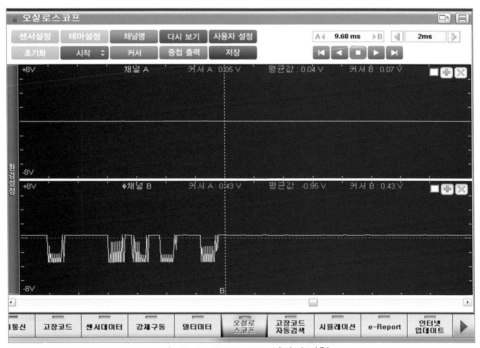

✳ Body—CAN HIGH 단락시 파형
※ 스캔 툴은 정상적인 통신이 가능하다.

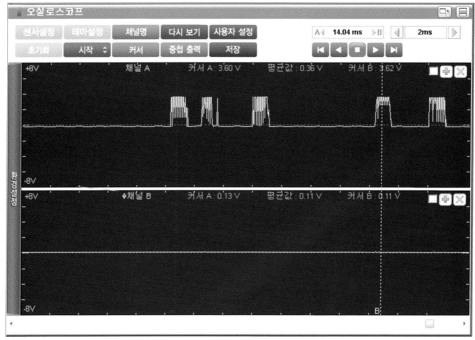

✳ Body–CAN low 단락시 출력 파형

※ 스캔 툴은 정상적인 통신이 가능하며, high/low단이 동시에 차체에 단
락된 경우에는 스캔 툴은 통신이 불가능한 현상이 발생된다.

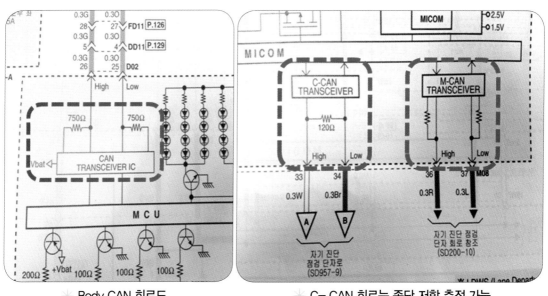

✳ Body CAN 회로도
  – 종단 저항 측정 안됨

✳ C– CAN 회로는 종단 저항 측정 가능
  M– CAN 회로는 종단 저항 측정 안 됨

4 HKMC CAN Network의 분류

1 HKMC CAN Network

HKMC에 적용된 CAN Network 와 세대별 CAN 통신의 분류 및 계통도(구성도)는 다음
과 같다.

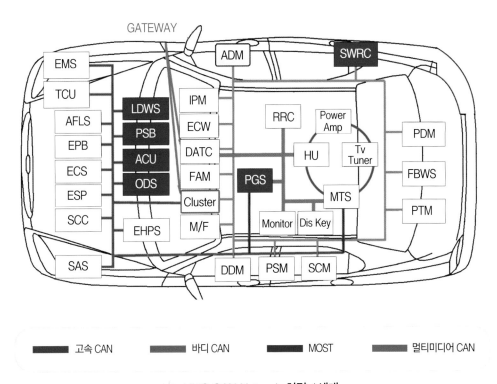

※ HMC CAN Network 차량 1세대

❷ HMC CAN Network 차량 2세대 1CH

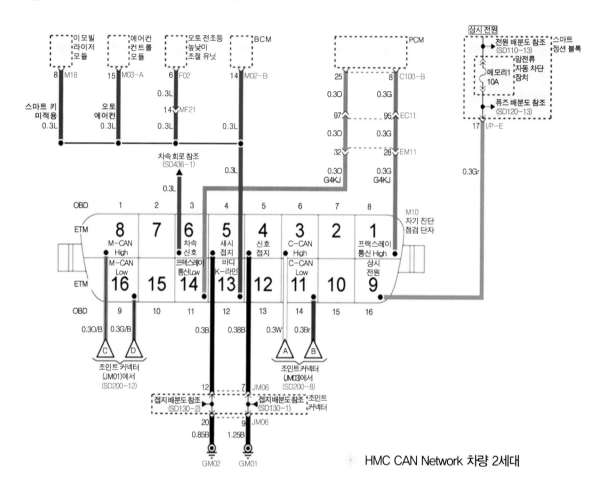

HMC CAN Network 차량 2세대

C-CAN

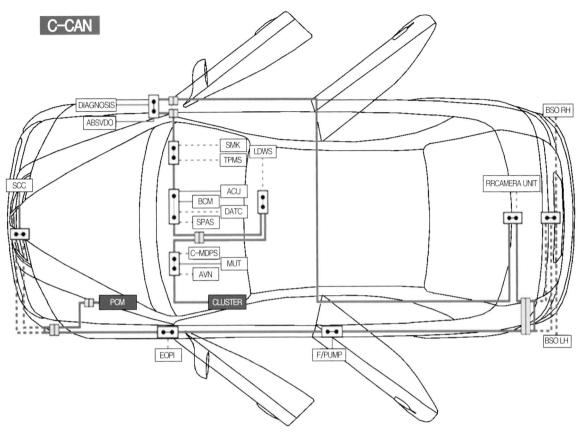

PCM	PCM
CLUSTER	계기판
SCC	스마트 크루즈 컨트롤 유닛
EOPI	전자식 오일 펌프 모듈(ISG 적용)
F/PUMP	연료 펌프 컨트롤 모듈(G4KJ)
BSD LH	후측방 경보 레이더 LH
BSD RH	후측방 경보 레이더 RH
RRCAMERA UNIT	후방카메라&트렁크리드핸들스위치
DIAGNOSIS	다기능 체크 커넥터
ABS/VDC	ABS컨트롤 모듈/VDC 모듈
SMK	스마트 키 컨트롤 모듈
DATC	에어컨 컨트롤 모듈
AVN	A/V&내비게이션 헤드유닛(40)
ACU	에어백 컨트롤 유닛
LDWS	차선 이탈 방지 장치 유닛
C-MDPS	MDPS 유닛
MUT	자기진단 점검단자
BCM	BCM
SPAS	주차 조향 보조 컨트롤 모듈
TPMS	타이어 압력 모니터링 모듈

PCM	종단 저항 부하
CLUSTER	종단 저항 부하
DATC	제어기 부품 명칭
●—●	조인트 커넥터
▨	하니스 연결 커넥터
——	주선 TWIST PAIR
·····	주선 TWIST PAIR(옵션)
—	SUB TWIST PAIR
····	SUB TWIST PAIR(옵션)

✳ C-CAN

P-CAN(Power Train CAN Network)

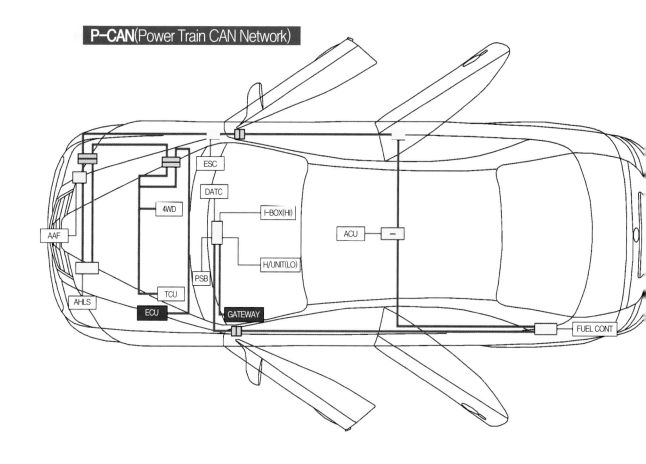

GATEWAY	스마트 정션 박스(게이트웨이)
ECU	ECM(LAMBDA-Ⅱ)
TCU	TCM(LAMBDA-Ⅱ)
4WD	4WD ECM
AAF	액티브 에어 플랩
AHLS	액티브 후드 리프트 컨트롤 모듈
ESC	VDC 모듈
DATC	에어컨 컨트롤 모듈
I-BOX(HI)	I-BOX(고급형 내비게이션)
H/UNIT(LO)	A/V& 내비게이션 헤드 유닛(표준형)
PSB	프리세이프 시트 벨트 유닛
ACU	에어백 컨트롤 모듈
FUEL CONT	연료 펌프 컨트롤 모듈

GATEWAY	종단 저항 부하
ECU	종단 저항 부하
LKAS	제어기 부품 명칭
●—●	조인트 커넥터
	하니스 연결 커넥터
——	주선 TWIST PAIR
······	주선 TWIST PAIR(옵션)
——	SUB TWIST PAIR

✳ P-CAN

B-CAN(Body CAN Network)

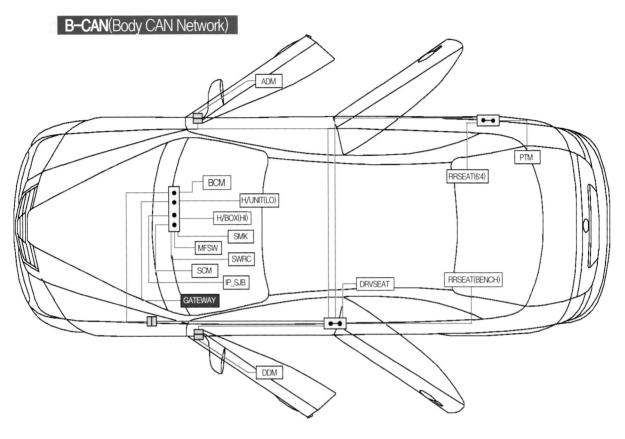

GATEWAY	스마트 정션 박스(게이트웨이)
IP_SJB	스마트 정션 박스(IPS 컨트롤 모듈)
SCM	스티어링 틸트 & 텔레스코픽 모듈
SWRC	클럭 스프링(스티어링 휠 스위치)
MFSW	다기능 스위치
SMK	스마트 키 컨트롤 모듈
I-BOX(HI)	I-BOX(고급형 내비게이션)
H/UNIT(LO)	A/V& 내비게이션 헤드 유닛(표준형)
BCM	BCM(바디 컨트롤 모듈)
DDM	운전석 도어 모듈
ADM	동승석 도어 모듈
PTM	파워 트렁크 모듈
DRV SEAT	운전석 IPS 컨트롤 모듈
	운전석 파워 시트 스위치
	운전석 허리받이 유닛
RR SEAT	리어 시트 콘솔 스위치

✳ B-CAN

M-CAN(Multimedia Train CAN Network)

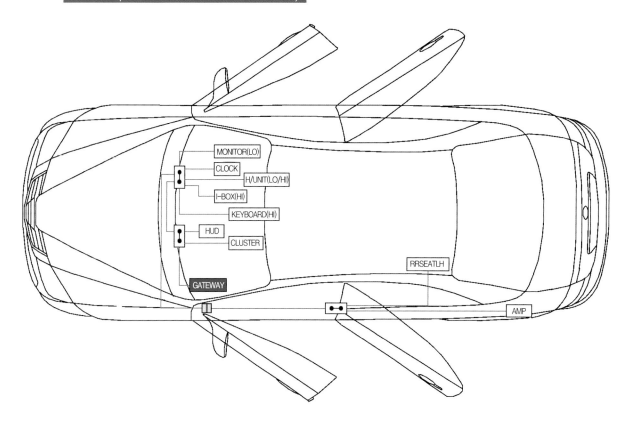

GATEWAY	스마트 정션 박스(게이트웨이)
CLUSTER	계기판
HUD	헤드 업 디스플레이
KEYBOARD(HI)	키보드(고급형 내비게이션)
I-BOX(HI)	I-BOX(고급형 내비게이션)
H/UNIT(LO/HI)	A/V& 내비게이션 헤드 유닛 (표준형/고급형)
CLOCK	시계
MONITOR(LO)	프런트 모니터(표준형 내비게이션)
AMP	앰프(일반/프리미엄)
RR SEAT LH	리어 오디오 스위치

✳ M-CAN

현대자동차
고장사례실무

제 2장
현대 자동차
고장 사례 실무

사례 1 ABS, EBD 경고등 간헐적 점등

❶ 진단

- **차종** : 그랜드 스타렉스(TQ A2)
- **고장 증상**
  - 수행 중 간헐적으로 ABS, EBD 경고등이 점등되며, 고장 현상이 발생된 경우에는 ABS만 통신이 불가능 하고 ECU, TCU 등은 통신이 가능 함.

✳ ABS, EBD 경고등 간헐적 점등(TQ A2)

- **정비 이력**
  - ABS 모듈을 교환한 이력이 있다.

■ 고장 코드

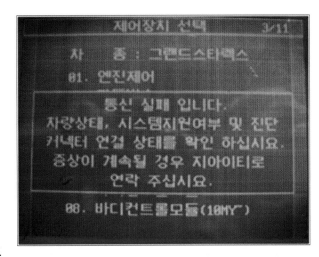

✳ 고장 코드

❷ 점검

■ 점검 내용

- 제동 제어만 통신이 불량하여 전원과 접지를 점검하니 특이한 점이 없었다.

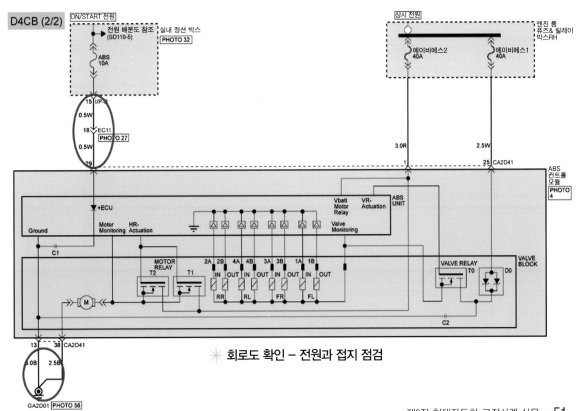

✳ 회로도 확인 – 전원과 접지 점검

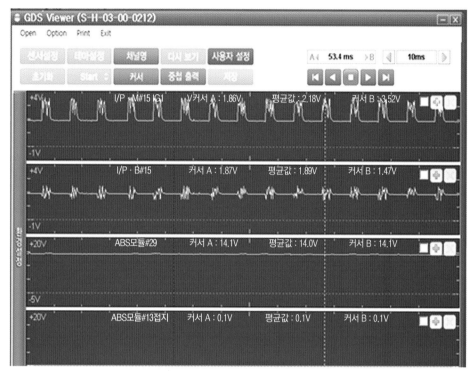

✳ Low-Can 통신 불량 파형

– ABS 모듈의 전원 및 접지 단이 양호하여 CAN 통신의 파형으로 점검한 결과 이상 파형이 확인 되었다.

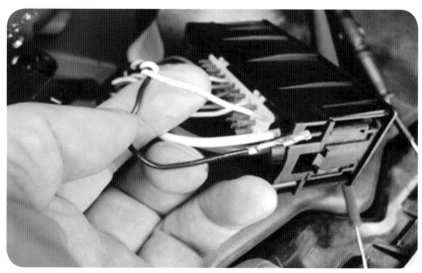

✳ ABS 모듈 #14번 PIN의 텐션 불량

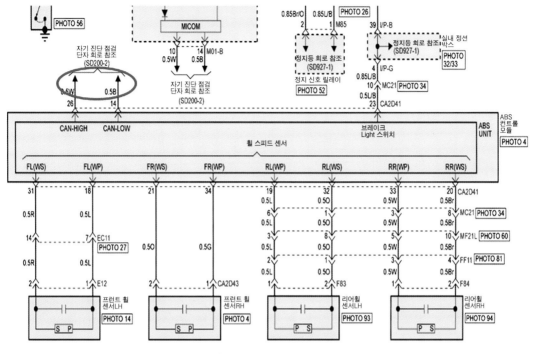

✳ 회로도에서 점검 부위

❸ 조치

▣ 조치 내용

– PIN의 접촉 불량으로 해당 PIN의 텐션을 수정한 후 해결 되었다.

✳ MEMO ···

사례 2 통신 불량 경고등 다수 점등

1 진단

- **차종** : 그랜저 HG
- **고장 증상**
  - 고속도로 주행 중 경고등 점등되며, 차속이 감속 됨.
  - 자기진단시 EMS 와 VDC, TPMS, EPS 측에 CAN 관련 DTC는 확인되나 현상의 재현은 불가능 함

✳ 클러스터에 각종 경고등 점등

- **고장 코드**

● 상태: 고장코드 발견			
제어장치	고장코드	고장코드명	상태
ENGINE - 엔진제어	U0109	CAN 통신 회로 - FPCM(연료 펌프 제어 모듈) 응답...	과거
ENGINE - 엔진제어	P2159	차속 센서 "B" 작동범위/성능이상	과거
AT - 자동변속		발견된 고장코드가 없습니다.	
VDC - 제동제어	C1611	EMS측 CAN 신호 안나옴	과거
VDC - 제동제어	C1612	TCM측 CAN 신호 안나옴	과거
EPB - 전동파킹브레이크		통신응답없음 / 시스템장착유무, IG KEY, DLC를 확...	
AIRBAG - 에어백(1차충...		발견된 고장코드가 없습니다.	
AIRCON - 에어컨		발견된 고장코드가 없습니다.	
SCC - 차간거리제어		통신응답없음 / 시스템장착유무, IG KEY, DLC를 확...	
EPS - 파워스티어링		통신응답없음 / 시스템장착유무, IG KEY, DLC를 확...	
ECS - 전자제어서스펜션		통신응답없음 / 시스템장착유무, IG KEY, DLC를 확...	
TPMS - 타이어압력모...	C1613	EMS측 CAN신호 이상 (EMS점검요)	과거
SPAS - 자동주차지스템		통신응답없음 / 시스템장착유무, IG KEY, DLC를 확...	
AHLS - 오토헤드램프레...		통신응답없음 / 시스템장착유무, IG KEY, DLC를 확...	
CUBIS - 큐비스		통신응답없음 / 시스템장착유무, IG KEY, DLC를 확...	
IMMO - 이모빌라이저		통신응답없음 / 시스템장착유무, IG KEY, DLC를 확...	

✳ 고장 코드

❷ 점검

▣ 점검 내용

- 회로도를 보고 ECU에 가까운 곳에서부터 점검을 시작 하였다.
- 첫 번째로 EC21 커넥터가 위치적으로 확인하기 용이하여 먼저 점검을 하고, 두번째로 JE04 커넥터, 세 번째로 VDC 커넥터 순서로 점검을 하는 방향으로 설정하였다.(EMS 측에는 통신 관련 DTC가 아닌 차속 관련 DTC가 있고 연료펌프 모듈과 CAN 관련 DTC 라서 고민을 하게 됨)
- DTC와 회로도를 참고로 VDC와 EMS 간의 문제로 추정하고, 통신 파형을 점검 하였다.
- EC21 34번 CAN Low선 핀의 텐션을 확인한 결과 텐션이 불량한 것으로 확인이 되었다(핀을 움직이면서 CAN 파형의 상태를 확인한 결과 불량 파형이 측정 되었다.
- CAN Low선 파형에서 불량이 발생할 경우 엔진측 진단 코드가 현재의 고장으로 출력 되는 것을 확인할 수 있고 VDC와 EPS, TPMS 측에서도 입고 당시의 진단 코드가 동일하게 발생되는 것이 확인 되었다.

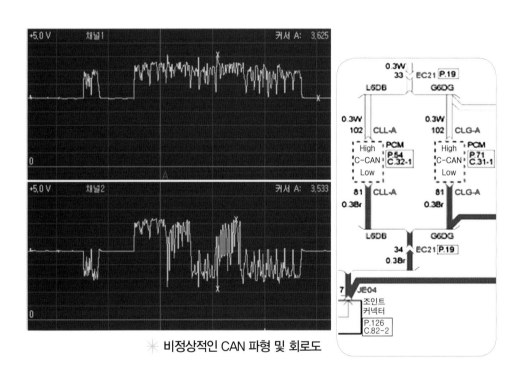

✳ 비정상적인 CAN 파형 및 회로도

✴ 탈거된 EC21 커넥터

✴ EC21 커넥터 34번 핀 수정 전

✴ EC21 커넥터 34번 핀 수정 후

③ 조치

▣ 조치 내용

　– EC21 34번 핀 텐션 수정 후 완료.

✴ MEMO

사례 ③ 주행 중 간헐적으로 경고등 점등

❶ 진단

- ▣ **차종** : 제네시스 3.3
- ▣ **고장 증상**
  - 주행 중 간헐적으로 경고등이 점등되고, 엔진 회전수가 Down되는 증상과 "액티브 후드 시스템을 점검하십시오."라는 문구가 표출되는 현상이 발생됨.

- ▣ **고장 코드 :**

제어장치	고장코드	고장코드명	상태
ENGINE - 엔진제어		발견된 고장코드가 없습니다.	
AT - 자동변속		발견된 고장코드가 없습니다.	
VDC - 제동제어	C1616	CAN 버스 OFF(C-CAN)	과거
VDC - 제동제어	C162A	주행모드통합제어관련 CLU CAN 신호 안나옴	과거
EPB - 전동파킹브레이크		통신응답없음 / 시스템장착유무, IG KEY, DLC를 확...	
AIRCON - 에어컨		발견된 고장코드가 없습니다.	
AAF - 액티브에어플랩		발견된 고장코드가 없습니다.	
SCC - 차간거리제어		통신응답없음 / 시스템장착유무, IG KEY, DLC를 확...	
EPS - 파워스티어링	C1659	제원에 정의되어 있지 않거나 정보를 찾을 수 없습...	과거
ECS - 전자제어서스펜션		통신응답없음 / 시스템장착유무, IG KEY, DLC를 확...	
PSB - 프리세이프시트...		통신응답없음 / 시스템장착유무, IG KEY, DLC를 확...	
TPMS - 타이어압력모...		발견된 고장코드가 없습니다.	
SPAS - 자동주차지원시...		통신응답없음 / 시스템장착유무, IG KEY, DLC를 확...	
LDWS - 차선이탈경보		통신응답없음 / 시스템장착유무, IG KEY, DLC를 확...	
BSD - 후측방경보장치		통신응답없음 / 시스템장착유무, IG KEY, DLC를 확...	
AHLS - 오토헤드램프레...		발견된 고장코드가 없습니다.	
AVM - 어라운드뷰모니터		통신응답없음 / 시스템장착유무, IG KEY, DLC를 확...	
PGS - 주차안내시스템		발견된 고장코드가 없습니다.	
AHS - 액티브후드시스템	B2594	AHS 경고등 이상	과거
AVN - AVN 표준형		-- 고장코드 진단을 지원하지 않는 시스템입니다. --	
I-BOX - I-BOX		통신응답없음 / 시스템장착유무, IG KEY, DLC를 확...	
SMK - 스마트키유닛		발견된 고장코드가 없습니다.	

제어장치	고장코드	고장코드명	상태
AVM - 어라운드뷰모니터		통신응답없음 / 시스템장착유무, IG KEY, DLC를 확...	
PGS - 주차안내시스템		발견된 고장코드가 없습니다.	
AHS - 액티브후드시스템	B2594	AHS 경고등 이상	과거
AVN - AVN 표준형		-- 고장코드 진단을 지원하지 않는 시스템입니다. --	
I-BOX - I-BOX		통신응답없음 / 시스템장착유무, IG KEY, DLC를 확...	
SMK - 스마트키유닛		발견된 고장코드가 없습니다.	
CGW - 센트럴게이트웨이	C161600	CAN 라인 OFF(C-CAN)	과거
BCM - 바디전장제어		발견된 고장코드가 없습니다.	
DDM - 운전석도어모듈		발견된 고장코드가 없습니다.	
ADM - 승객석도어모듈		발견된 고장코드가 없습니다.	
SJB - 스마트정션블록		발견된 고장코드가 없습니다.	
CLU - 클러스터모듈		발견된 고장코드가 없습니다.	
HUD - 헤드업디스플레이		발견된 고장코드가 없습니다.	
PSM - 파워시트모듈		통신응답없음 / 시스템장착유무, IG KEY, DLC를 확...	
DSS - 운전석시트스위치		통신응답없음 / 시스템장착유무, IG KEY, DLC를 확...	
SLB - 시트허리높이조절		통신응답없음 / 시스템장착유무, IG KEY, DLC를 확...	
PTM - 파워트렁크모듈		통신응답없음 / 시스템장착유무, IG KEY, DLC를 확...	
MFSW - 멀티펑션스위치		발견된 고장코드가 없습니다.	
SCM - 스티어링컬럼모듈		통신응답없음 / 시스템장착유무, IG KEY, DLC를 확...	
SWRC - 스티어링휠리...		발견된 고장코드가 없습니다.	
HSWS - 진동경고스티...		통신응답없음 / 시스템장착유무, IG KEY, DLC를 확...	

✳ 고장 코드

■ 정비 이력 :

- 간헐적인 고장 발생으로 기억을 소거한 이력이 있으며, 이후 SJB를 교환 하였으나 동일 현상이 발생됨.

② 점검

■ 점검 내용

- 자기진단 시 C-CAN 관련 고장코드가 발생된다.
- C-CAN 파형을 측정한 상태에서 커넥터를 임의로 흔들 때는 고장 현상이 발생되지 않았다.
- 시운전 시 고장 현상의 재현이 불가능하여 재차 관련 CAN 통신단 전반적인 PIN의 텐션을 점검하던 중에 클러스터 CAN 부분의 커넥터를 흔들었을 때 파형의 변화가 확인 되었다.

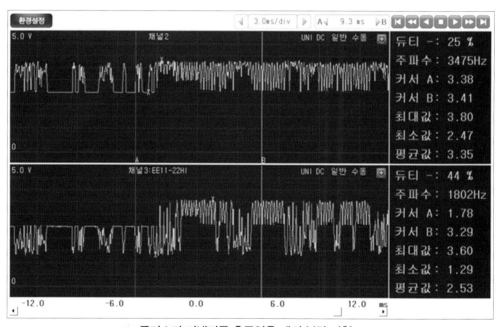

✳ 클러스터 커넥터를 흔들었을 때의 불량 파형

C-CAN(Chassis CAN Network)

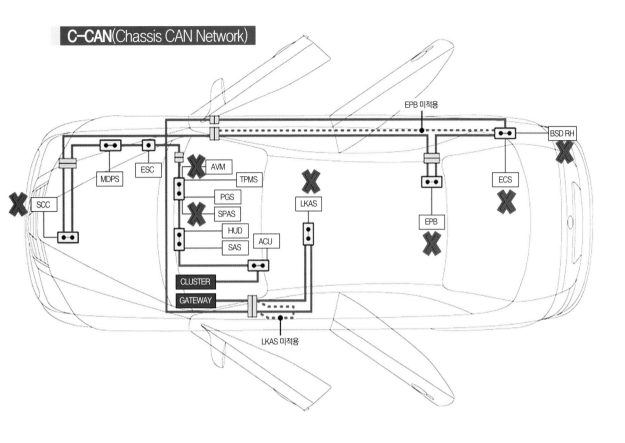

GATEWAY	스마트 정션 박스(게이트웨이)
CLUSTER	계기판
SAS	스티어링 앵글 센서
HUD	헤드 업 디스플레이
AVM	어라운드 뷰 유닛
PGS	주차 가이드 유닛
SPAS	주차 조향 보조 컨트롤 모듈
TPMS	타이어 압력 모니터링 모듈
LKAS	차선 이탈 방지 장치 유닛
ACU	에어백 컨트롤 모듈
ESC	VDC 모듈
MDPS	MDPS 유닛
SCC	스마트 크루즈 컨트롤 레이더
EPR	전자식 파킹 브레이크 모듈

* GATEWAY 종단 저항 부하
* ECU 종단 저항 부하
* LKAS 제어기 부품 명칭
* 하니스 연결 커넥터
* ——— 주선 TWIST PAIR
* ······ 주선 TWIST PAIR(옵션)

✳ CAN Network 상의 차량 옵션 점검 내용

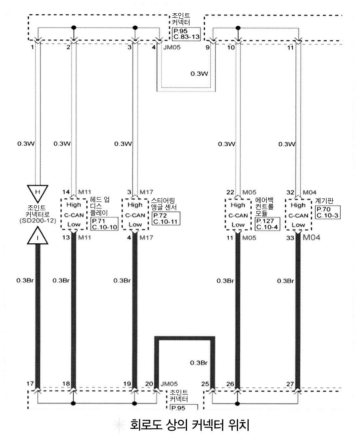

※ 회로도 상의 커넥터 위치

❸ 조치

▣ 조치 내용

    – 클러스터의 M04 커넥터 #33 PIN의 텐션이 불량한 부분의 해당 PIN 교환으로 조치
     하였다.

※ MEMO

사례 4 시동 후 간헐적 경고등 점등 및 각종 정보 표시 불량

① 진단

◾ **차종** : LF 소나타

◾ **고장 증상**

- 시동 후 간헐적으로 경고등이 점등되며, 각종 정보(RPM/변속단 등)가 표시되지 않는다(시동은 유지).

✳ 시동이 걸린 상태에서 클러스터에 각종 경고등 점등

② 점검

◾ **점검 내용**

- 시동이 걸려있는 상태에서 클러스터 내의 RPM, 시프트 인디케이터, 온도 게이지가 작동되지 않고 각종 경고등이 점등되어 있는 상태로 CAN 통신의 오류가 있다는 것을 알 수 있다
- 주행 중 노면에서 충격이 발생될 때 고장의 현상이 재현되었다.
- 통신 불량 및 고장 현상이 발생되지 않을 때 CAN 관련 고장 코드가 출력된다.

▣ 고장 코드

제어장치	고장코드	고장코드명	상태
ENGINE - 엔진제어	U0101	CAN 통신 회로 - TCU 응답 지연 (C-CAN)	과거
AT - 자동변속	U0100	CAN 통신 이상 (CAN TIME OUT)	과거
ABSVDC - 제동제어	C160508	CAN 하드웨어 이상	과거
ABSVDC - 제동제어	C161108	EMS측 CAN 신호 안나옴	과거
ABSVDC - 제동제어	C161208	TCM측 CAN 신호 안나옴	과거
ABSVDC - 제동제어	C162308	조향각 센서측 CAN 신호 안나옴	과거
ABSVDC - 제동제어	C170204	사상 설정 오류	과거
ABSVDC - 제동제어	C168708	VSM2 (MDPS) CAN 신호 안나옴	과거
AIRBAG - 에어백(1차충...	B250000	에어백 경고등 고장	과거
EPS - 파워스티어링	C1109	이그니션 신호 이상	과거
EPS - 파워스티어링	C1611	EMS측 CAN 신호 안나옴	과거
EPS - 파워스티어링	C1628	클러스터측 CAN 신호 안나옴	과거
EPS - 파워스티어링	C1692	ESC측 CAN 신호 안나옴	과거
EPS - 파워스티어링	C1693	ESC 신호 이상	과거
TPMS - 타이어압력모...	C1611	EMS측 CAN 신호 안나옴	과거
BCM - 바디전장제어	C161600	CAN 버스 OFF(C-CAN)	과거
SJB - 스마트정션블록		발견된 고장코드가 없습니다.	
CLU - 클러스터모듈		발견된 고장코드가 없습니다.	

✳ 고장 코드 – 고장 현상이 발생되지 않을 때 출력됨

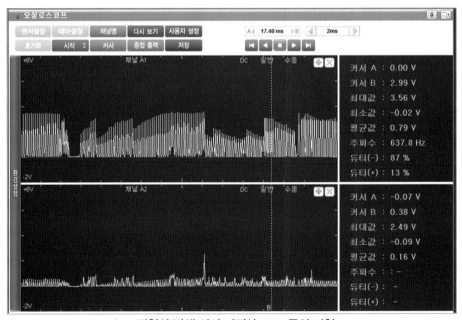

✳ 고장현상 발생 시의 비정상 CAN 통신 파형

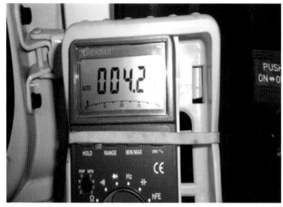

✳ 문제 발생 시 CAN Low와 차체 선간 저항

✳ MDPS ECU 측면 브래킷부 와이어 간섭됨

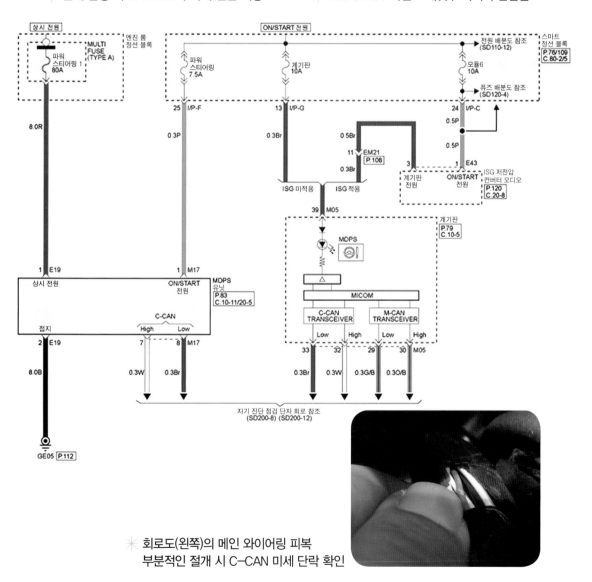

✳ 회로도(왼쪽)의 메인 와이어링 피복
부분적인 절개 시 C-CAN 미세 단락 확인

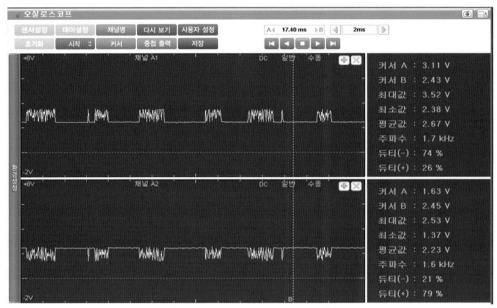
✳ 수리 후의 CAN 통신 정상 파형

❸ 조치

▣ 조치 내용

- MDPS의 C-CAN Low단 와이어 단락 부분의 와이어 루트 수정

✳ MEMO ···

사례 ⟨5⟩ 시프트 인디케이터 점등 불가 및 크랭킹 불가

❶ 진단

- **차종** : YF 소나타
- **고장 증상**
  - 주행 중 에어백 경고등이 점등됨.
  - 시프트 인디케이터 표시 불가 및 변속 충격이 발생됨.
  - 재 시동시 전원 이동 가능하나 스타터가 구동되지 않는 현상이 발생됨.

❋ 변속단 표시 상태

- **정비 이력** : 없음
- **고장 코드**
  - VDC 제동 제어, 에어백, 클러스터 모듈 등 경고등 점등

❷ 점검

- **점검 내용**
  - CAN 통신 관련 파형 측정시 Low, High 이상 파형을 확인하였다.
  - 종단 저항 점검 시 약 60Ω으로 정상이었다.
  - 관련 단품인 ACU, VDC, PCU, SJB 단품 등을 회로도 참조하여 와이어링을 점검하였다.

- ACU 커넥터 탈거 시에 진단 장비를 이용한 통신이 가능한 것을 확인 하였고, 접지 불량을 추정하고 접지 부위 보강 후에도 동일한 현상이 발생하여 ACU를 교환하였으나 동일한 현상이 발생되었다.

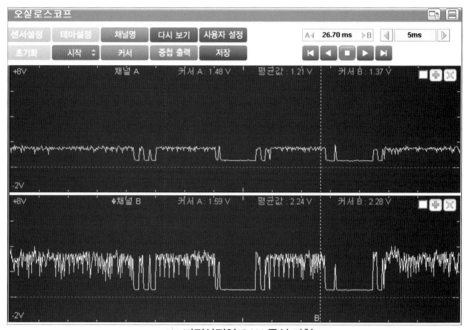

✳ 비정상적인 CAN 통신 파형

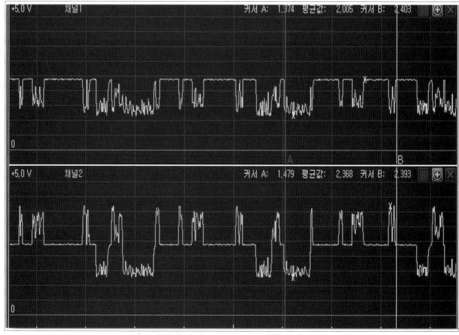

✳ 비정상적인 CAN 통신 파형이 수시로 변함

❋ 종단 저항 측정–정상

❋ 종단 저항 단락 확인 – 정상

❋ 에어백 접지 확인 – 정상

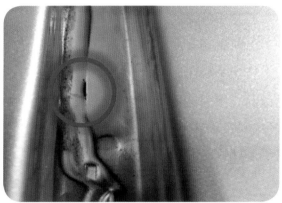

❋ 수분 유입 경로–동승석 루프 실링 불량 부위

❋ 동승석 하단부 커넥터

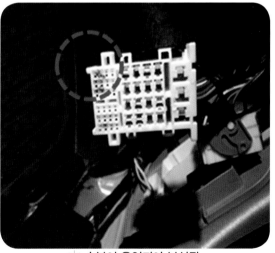

❋ 수분이 유입되어 부식됨

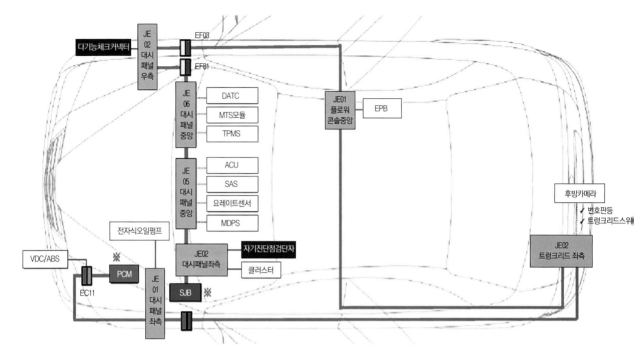

✳ EM61 커넥터에 수분 유입됨

❸ 조치

▣ 조치 내용

– 동승석 루프 실링의 불량에 의해 EM61 커넥터에 수분이 유입되어 CAN 통신의 장애가
발생된 것이므로 루프 실링의 처리 및 와이어의 수분을 제거하여 완료함.

✳ MEMO ···

사례 〈6〉 에어컨 작동 불량 – CAN 통신 불량

① 진단

- **차종** : 베르나 HEV
- **고장 증상**
  - 에어컨 작동 중 더운 바람이 토출됨.

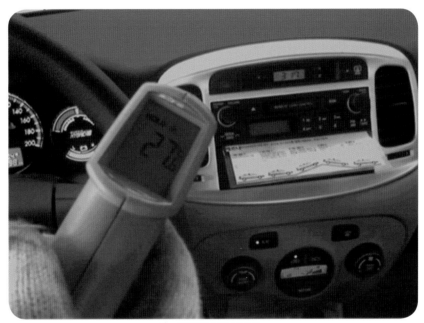

✳ 에어컨 작동 불량

- **정비 이력** : HCU 교환
- **고장 코드** : 없음(정상)

② 점검

- **점검 내용**
  - 자기진단기로 센서 출력 점검.
  - 에어컨 컴프레서 ECV 밸브 측으로 전원이 인가되지 않음.
  - FATC에서 와이어링에 의해 ECU에 연결된 S/W의 신호, 에어컨의 출력 신호는 정상 적으로 ECU로 입력되는 상태임.
  - ECU로 입력되는 APT 센서의 신호는 정상

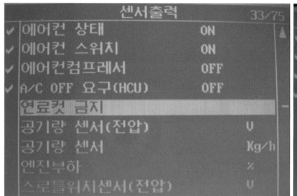

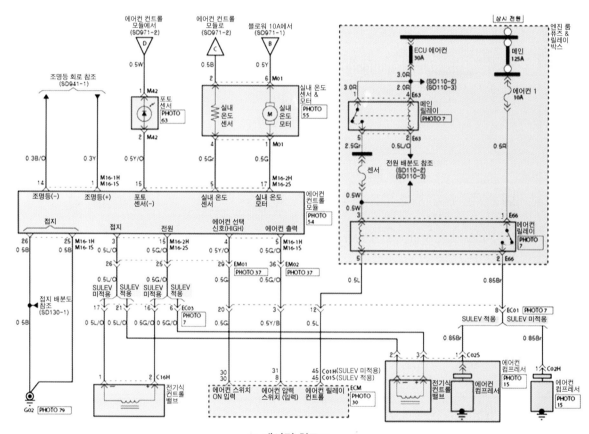

✴ 자기진단기 센서 출력 – 비정상　　　　　✴ 자기진단기 센서 출력 – 정상

✴ 에어컨 회로도

- APT 센서의 신호는 CAN 통신을 통해서 FATC로 전달됨
- ECU & FATC CAN 통신의 파형을 측정한 결과 이상 파형이 발생됨

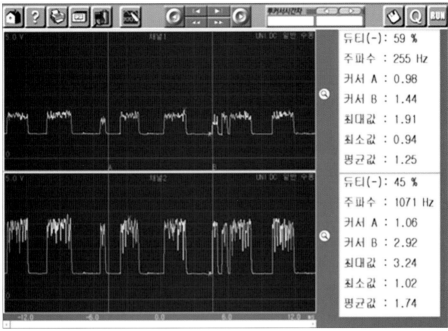

✳ 비정상 작동의 CAN 통신 파형

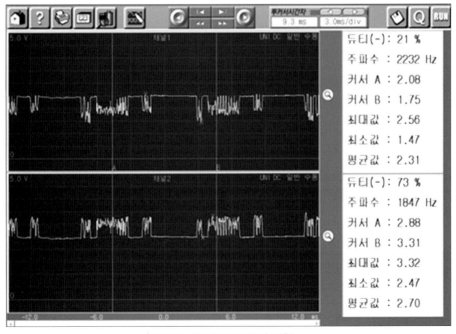

✳ 정상 작동의 CAN 통신 파형

❸ 조치

▣ 조치 내용

- FATC의 내부 불량으로 판단되어 FATC를 교환하여 정상으로 작동되었다.

✳ MEMO ....

사례 ⟨7⟩ 엔진 경고등 점등 및 주행 중 변속 충격 발생

① 진단

▣ **차종** : YF 소나타

▣ **고장 증상**

　– 최초 점검 시 엔진의 경고등이 점등되나 스캐너를 이용하여 자기진단 시에는 엔진 및
　　자동변속기에 통신이 불가능 하고 N–D, N–R로 변속할 때에는 충격이 발생됨.

＊ 엔진 경고등 점등

＊ N–D , N–R로 변속할 때는 충격 발생

　▣ **정비 이력** : 없음.

　▣ **고장코드** : C1616 外

❷ 점검

▣ 점검 내용

- 엔진룸 CCP 커넥터(자기진단 커넥터)에서 종단 저항을 측정할 때에 정상값이 측정되며, 차체에서 단락 여부를 확인한 결과 정상임.

- CAN 통신 High/Low 파형이 비정상의 파형으로 출력이 됨.

  ※ 1차적으로 점검하기 쉬운 VDC 모듈의 커넥터를 탈거해도 비정상의 파형으로 출력 됨.

- 내비게이션이 개조되었음을 확인하고 커넥터를 탈거한 후 점검한 결과 정상의 파형으로 출력이 됨.

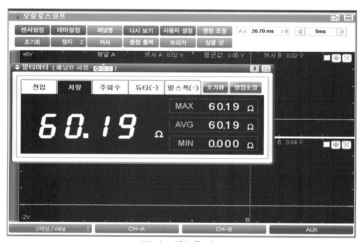

✳ 종단 저항 측정값

✳ 종단 저항 측정(엔진 룸 CCP 단자)

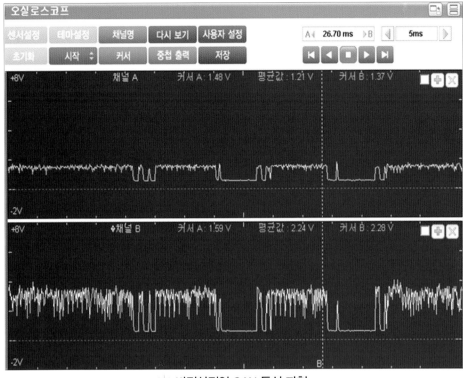

✳ 비정상적인 CAN 통신 파형

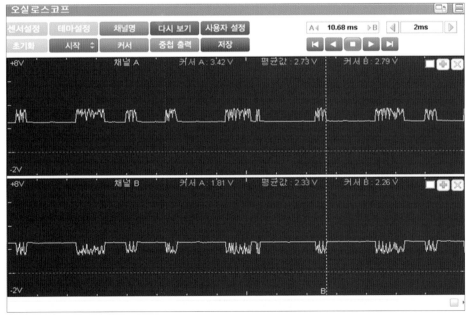

✳ 수리 후 정상 파형

✳ FATC 커넥터 위치

✳ FATC 커넥터 #5 PIN 휨

❸ 조치

▣ 점검 내용

  – FATC #5 PIN의 휨에 의해서 커넥터의 체결이 완전하게 이루어지지 않음으로써 CAN
통신단에 오류가 발생되는 원인으로 확인되어 휘어진 핀을 수정하여 완료 함.

✳ MEMO

사례 ⟨8⟩ 온도 게이지 / RPM / 차속 / 변속단 인디케이터 작동 불가 및 파킹 브레이크 · ABS 경고등 점등

❶ 진단

- **차종** : YF 소나타
- **고장 증상**
  - 주행 중 간헐적으로 클러스터가 OFF(조명 정상)되고 RPM, VSS, 온도 게이지, 변속단의 인디케이터가 작동되지 않으며, 증상은 주 1~2회 발생한다고 함.

✳ 고장 시의 클러스터 상태

- **정비 이력** : 클러스터 교환
- **고장 코드** : 입고 당시에 고장코드 없음.

❷ 점검

- **점검 내용**
  - 운전석 A필러 하단부의 클러스터 CAN 통신 라인의 임의 부분이 단선된 경우에 운전자가 촬영한 동영상과 동일한 현상이 발생되기 때문에 클러스터 CAN 통신단의 접촉 불량으로 추정 함.

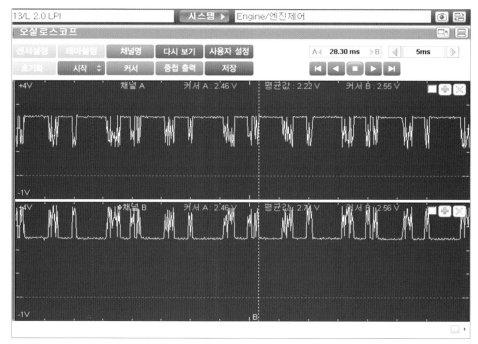

✳ 임의의 클러스터 CAN 신호 단선 시의 파형이 기준 파형과 유사하게 보임

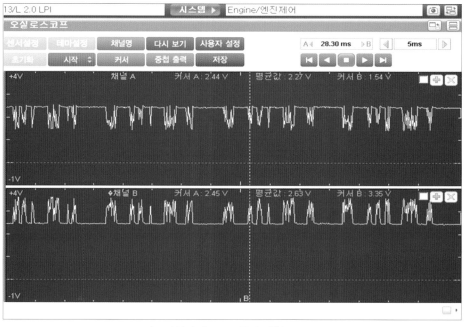

✳ 정상시의 CAN 통신 파형

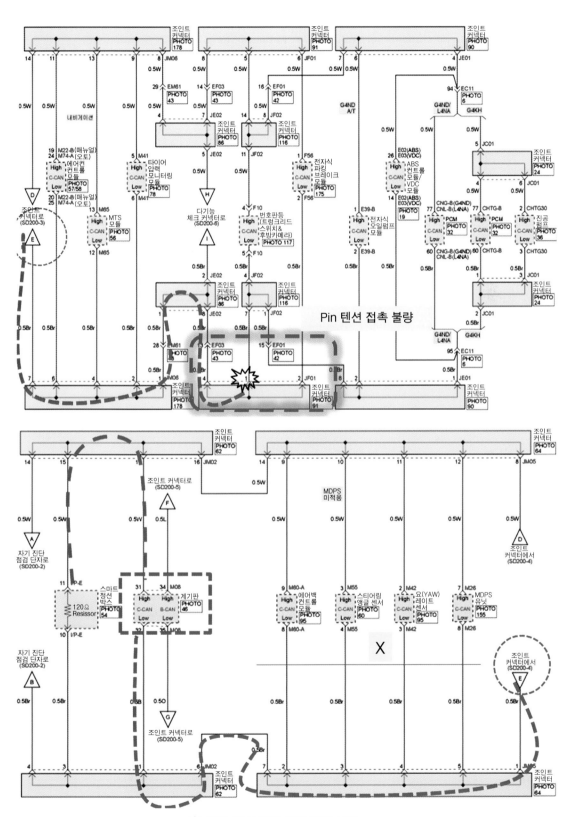

Pin 텐션 접촉 불량

관련 CAN 통신 회로 점검 시작

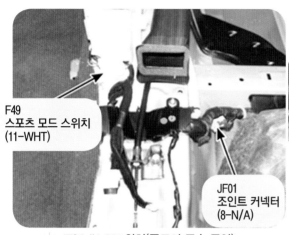

F49
스포츠 모드 스위치
(11-WHT)

JF01
조인트 커넥터
(8-N/A)

❋ JF01 #1 PIN 위치(플로어 콘솔 중앙)

❋ JF01 #1 PIN 텐션 불량-CAN Low

■ 정리.

　CAN-Low선(지선)의 문제로 클러스터에서만 통신의 에러가 발생됨으로 클러스터에 관계된 RPM 게이지, 온도 게이지, 시프트 인디케이터는 작동 불가, 주차 브레이크, ABS 경고등이 점등되었고, 타 시스템은 C-CAN 통신이 가능하여 고장의 진단코드가 없었던 사례이다.

　※ C-CAN의 주선에만 치중하다보니⋯ 고장의 전체적인 흐름을 파악하는 것이 중요!!

③ 조치

■ 조치 내용

　- JF01 #1 PIN 텐션 접촉의 불량을 수정한 후 완료 함.

⋅ ⋅ ⋅ ⋅
❋ MEMO ⋯⋯⋯⋯⋯⋯⋯⋯⋯⋯⋯⋯⋯⋯⋯⋯⋯⋯⋯⋯⋯⋯⋯⋯⋯⋯⋯⋯⋯

사례 ⟨9⟩ 주행 중 클러스터 CAN 관련 경고등 점등

❶ 진단

▣ **차종** : 제네시스

▣ **고장 증상**

  – 간헐적으로 클러스터 CAN 통신 관련 각종 경고등이 점등 됨.

❷ 점검

▣ **점검 내용**

  – 입고 당시 CAN 통신 관련 각종 경고등이 점등 됨.

  – 엔진 및 자동변속기의 통신 불량이 확인 됨

  – 각종 시스템 자기진단 시 C1611. C1612 EMS/TCM CAN 신호의 이상이 검출됨

  – P–CAN 통신 관련 종단 저항 측정 시 120 Ω 이 확인 됨(슬립모드 진입 조건)

✳ 120Ω 저항 측정 – 비정상 상태

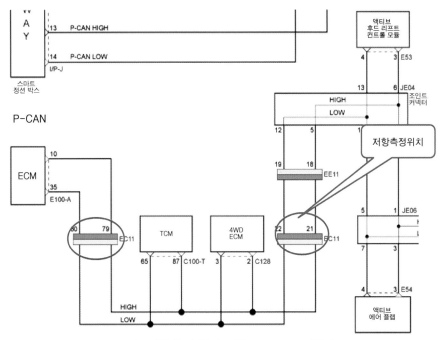

✳ 저항 측정 위치 - 회로도 EC11 커넥터

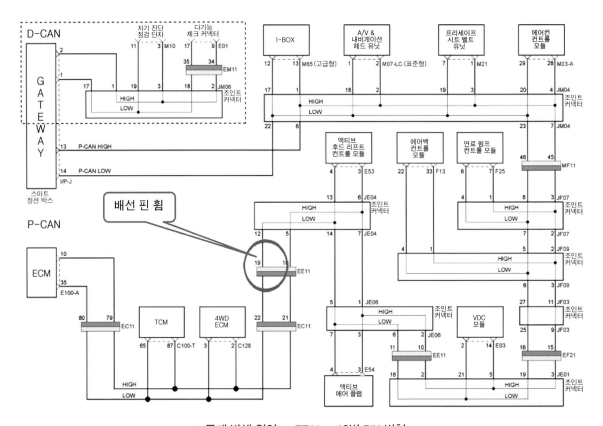

✳ 문제 발생 위치 → EE11 - 19번 PIN 변형

✴ 커넥터 휨

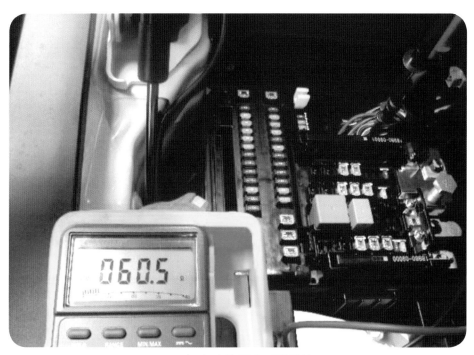

✴ 수리 후 종단 저항 정상

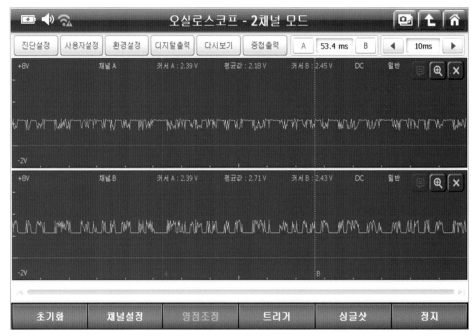

＊ 수리 후 정상 파형

❸ 조치

▣ 점검 내용

- EE11-19번 PIN 정 위치로 수정한 후 완료.

＊ MEMO

사례 ⟨10⟩ 주행 중 간헐적으로 엔진 체크 경고등 및 VDC 경고등 점등

❶ 진단

- **차종** : 제네시스(BH)

- **고장 증상**
  - 주행 중 간헐적으로 엔진 체크 경고등과 VDC 경고등이 점등되고 RPM 게이지 및 변속단 인디케이터가 표시되지 않음.

- **고장 코드**

※ VDC측과 EPS측 자기진단에서 CAN 통신 신호가 출력되지 않음

❷ 점검

- **점검 내용**
  - 엔진룸의 다기능 체크 단자에서 CAN 통신의 파형을 측정한 결과 데이터 량이 다소 적게 보임.

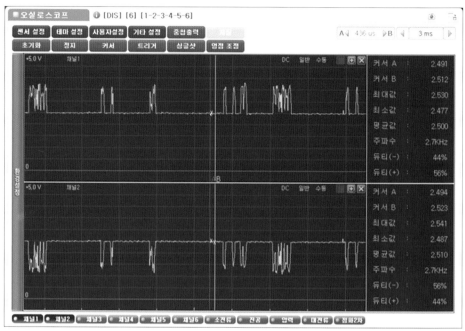

✽ 엔진룸 다기능 체크 단자(CCP)에서 CAN 통신 파형 측정 결과

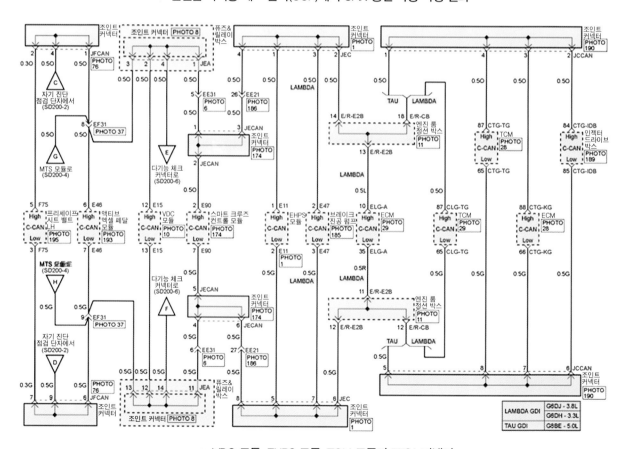

✽ VDC 모듈, EHPS 모듈, TCM 모듈과 EE21 커넥터

범퍼를 탈거한 후 EE21 커넥터 26번과 27번 핀의 텐션 불량을 확인한 결과 커넥터의 록킹 장치가 파손되어 완전하게 체결되지 않았음을 확인함.

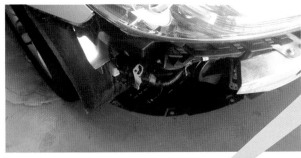

문제의 CAN라인 접촉불량 커넥터 위치 및 커넥터 록 레버 파손

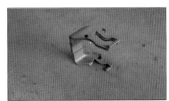

✳ EE21 커넥터

❸ 조치

◾ **조치 내용**

– EE#21 커넥터의 록킹 레버만 교환한 후 완료함.

✳ MEMO ···

사례 ⟨11⟩ 주행 중 TPMS, 에어백 경고등 점등 및 점멸로 입고

❶ 진단

■ **차종 :** 그랜저 HG

■ **고장 증상 :**

- 최초 주행 중 TPMS 경고등의 점등으로 입고됨.
- 스캐너로 각 모듈의 진단 시에 CAN 통신의 에러가 다수 출력되었다.
- 기억소거는 가능하며, 주행 중 방향지시등이 작동될 때 점멸주기가 일정치 않고 간헐적으로 방향지시등과 에어백 경고등도 순간적으로 점등 후 소등되는 현상이 발생됨.

■ **고장 코드**

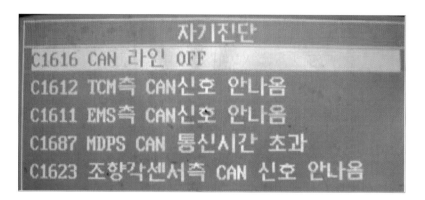

❷ 점검

■ **점검 내용**

- 1차적으로 트러블의 원인이 클러스터 내부의 불량으로 추정되어 클러스터를 교환한 후 출고하였으나 익일 동일한 현상으로 입고되었는데 트러블의 현상이 재현되지 않아서 2차적으로 IPM을 교환한 후 시험운전을 하던 중에 방향지시등 및 에어백 경고등이 순간적으로 점등과 소등이 반복되는 현상이 발생됨
- 시간을 가지고 차분히 CAN 통신 라인을 점검하기로 하고 CAN 통신의 회로도를 보니 막막함……
- 막막할 때는 최근에 작업한 내용부터 확인하자는 생각을 가지고 점검을 시작하는 것이 빠르다고 판단하여 점검 함.

– 개조된 내비게이션을 탈거하면서 확인하는 과정 중 출력 파형의 모양이 정상이 아님
을 확인 함

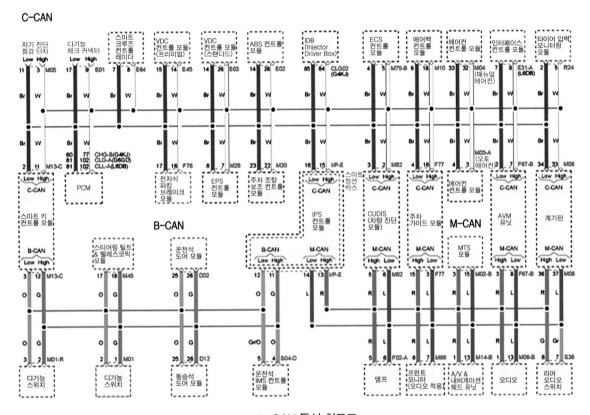

✳ CAN 통신 회로도

– 증상이 없는 상태에서 회로는 막막하게 된다.

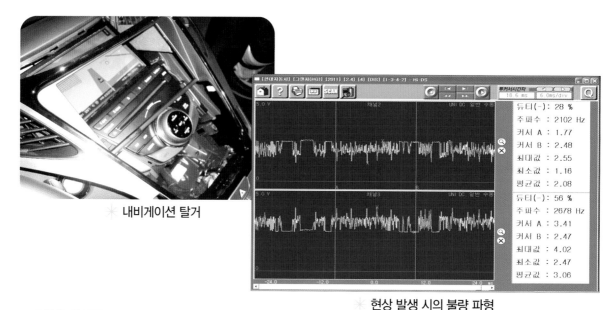

✳ 내비게이션 탈거

✳ 현상 발생 시의 불량 파형

✳ DATC부의 개조된 라인–
CAN 통신 라인과
외기 온도 센서 라인이 결선됨

✳ 수리 후의 정상 파형

- M03-A의 CAN 통신 단자가 외기 온도 센서의 입력단에 결선된 것을 확인.

에어컨 컨트롤(오토) 회로 (4)

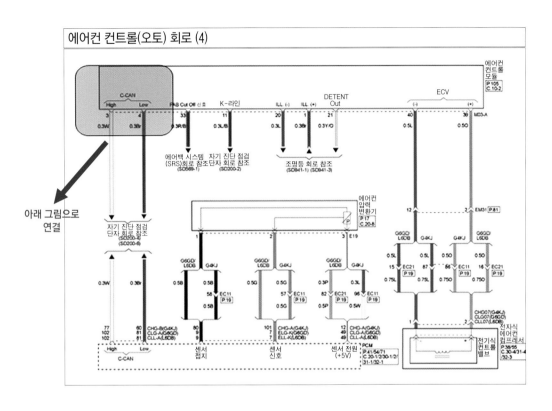

아래 그림으로
연결

에어컨 컨트롤(오토) 회로 (3)

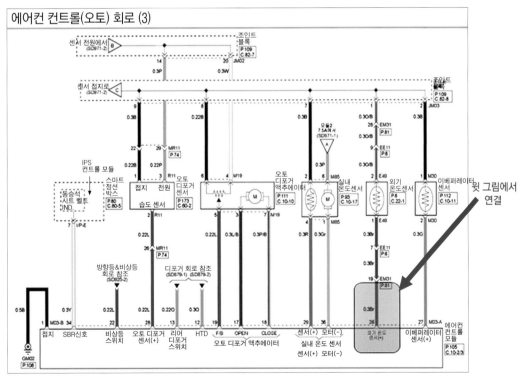

윗 그림에서
연결

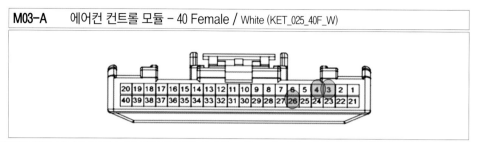

M03-A	에어컨 컨트롤 모듈 – 40 Female / White (KET_025_40F_W)

1. Br	ILL.(+)
2. G	센서 REF (+5V)
3. W	**C-CAN (High)**
4. Br	**C-CAN (Low)**
5. W/B	모드 액추에이터 (VENT)
6. L/O	모드 액추에이터 (DEF)
7. G	모드 액추에이터 (F/B)
8. G	인테이크 액추에이터 (FRE)
9. B	인테이크 액추에이터 (REC)
10. L	인테이크 액추에이터 (F/B)
11. L/B	바디 K-라인
12. O	스마트 정션 박스 (퓨즈-열선 미러)
13. O	스마트 정션 박스 (IPS 컨트롤 모듈)
14. W	온도 액추에이터 RH (Cool)
15. Y	온도 액추에이터 RH (Warm)
16. Gr	온도 액추에이터 RH (F/B)
17. L/B	오토 디포거 액추에이터 (Open)
18. P/B	오토 디포거 액추에이터 (Close)
19. L	오토 디포거 액추에이터 (F/B)
20. L	ILL.(–)

21. Y/O	Detent
22. L	스마트 정션 박스 (IPS 컨트롤 모듈)
23. Br/O	온도 액추에이터 (Cool)
24. G/O	온도 액추에이터 (Warm)
25. Gr	온도 액추에이터 (F/B)
26. Br	**실외 온도 센서 (+)**
27. G	이베퍼레이터 센서 (+)
28. L	오토 디포거 센서 (+)
29. R	실내 온도 센서 (+)
30. R	포토 센서 (–) (동승석)
31. P	포토 센서 (–) (운전석)
32. G	이온 발생기 (Diagnosis)
33. R/B	에어백 컨트롤 모듈(PAB OFF)
34. Y	스마트 정션 박스 (IPS 컨트롤 모듈)
35. L	FET(Gate)
36. Gr	실내 온도 센서 (–)
37. L	이온 발생기 (ION-SIG)
38. W	이온 발생기 (Clean-SIG)
39. O	ECV (전원)
40. L	ECV (접지)

❸ 조치

▣ 조치 내용

- 애프터 마켓에서 판매되는 제품으로 내비게이션을 개조하면서 CAN 통신선의 결선이 외기 온도 센서와 결선되어 트러블의 원인이 발생함.
- 내비게이션 장착 작업 시 개조된 CAN 통신선으로 결선 수정한 후 완료함.

⁎ ····
 MEMO ··

사례 ⟨12⟩ 주행 중 ABS 경고등 점등

① 진단

- **차종** : YF 소나타
- **고장 증상**
  - 간헐적 주행 중 ABS, 브레이크 경고등 점등.
  - 클러스터에 냉각수온, RPM, 차속, 변속단의 표시가 안됨.
  - 체인지 레버 P − 해제 불가.

※ 주행 중 ABS, 브레이크 경고등 점등

- **정비 이력**
  - 동일한 트러블 현상이 발생되어 3회 수리.
  - 차량 재 수리 후에도 완벽한 수리가 되지 않고 동일한 현상이 지속적으로 발생함.

- **고장 코드** : 통신 불량 발생

❷ 점검

■ 점검 내용

- CAN High 2.80V 확인.
- CAN Low 2.65V 확인.

✴ 참고

- CAN High 단선 시 120Ω과 2.3V
- CAN Low 단선 시 120Ω과 2.7V
- 현상의 재현이 아주 어려워 CAN 통신 라인에서 쉬운 곳에서부터 점검하기 시작함.

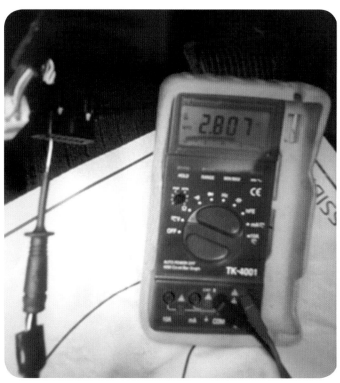

✴ CAN High 전압 측정

✴ CAN Low 전압 측정

JF01-1번 Br CAN Low 핀 텐션의 불량을 확인함.

❸ 조치

▣ 조치 내용

- JF01-1번 핀 교환 후 완료함.

. . . .
✳ MEMO ···

사례 ⟨13⟩ 클러스터 경고등 점등 및 MDPS 무거움 발생

❶ 진단

- **차종** : 제네시스
- **고장 증상**
  - 클러스터에 경고등이 점등되고, MDPS의 무거움 현상 발생으로 견인됨.

✳ 경고등이 점등되고 MDPS 무거움

- **고장 코드**

제어장치	고장코드	고장코드명	상태
● 상태: 고장코드 발견			
AVM - 어라운드뷰모니터		통신응답없음 / 시스템장착유무, IG KEY, DLC를 확...	
PGS - 주차안내시스템		발견된 고장코드가 없습니다.	
AHS - 액티브후드시스템		발견된 고장코드가 없습니다.	
AVN - AVN 고급형		-- 고장코드 진단을 지원하지 않는 시스템입니다. --	
I-BOX - I-BOX		발견된 고장코드가 없습니다.	
SMK - 스마트키유닛		발견된 고장코드가 없습니다.	
CGW - 센트럴게이트웨이	C168700	MDPS CAN 신호 안나옴	현재
BCM - 바디전장제어		발견된 고장코드가 없습니다.	
DDM - 운전석도어모듈		발견된 고장코드가 없습니다.	
ADM - 승객석도어모듈		발견된 고장코드가 없습니다.	
SJB - 스마트정션박스		발견된 고장코드가 없습니다.	
CLU - 클러스터모듈		발견된 고장코드가 없습니다.	
HUD - 헤드업디스플레이		발견된 고장코드가 없습니다.	
PSM - 파워시트모듈		발견된 고장코드가 없습니다.	
DSS - 운전석시트스위치		발견된 고장코드가 없습니다.	
SLB - 시트허리높이조절		발견된 고장코드가 없습니다.	
PTM - 파워트렁크모듈		통신응답없음 / 시스템장착유무, IG KEY, DLC를 확...	
MFSW - 멀티펑션스위치		발견된 고장코드가 없습니다.	
SCM - 스티어링컬럼모듈		발견된 고장코드가 없습니다.	
SWRC - 스티어링휠리...		발견된 고장코드가 없습니다.	
HSWS - 진동경고스티...		발견된 고장코드가 없습니다.	

- 자기진단 1687, C1805, C162587, C168700 출력됨
- 파워스티어링(EPS) 자기진단 시 통신 불량

❷ 점검

▣ 점검 내용

- MDPS 유닛의 상시전원 & ON/STSRT 전원, 접지를 확인한 결과 정상
- MDPS CAN Low 통신 라인을 확인한 결과 불량 파형을 확인

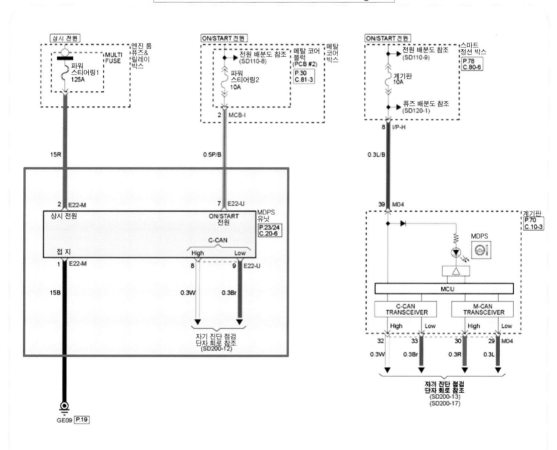

MDPS: Motor Driven Power Steering

✳ 통신이 불량함으로써 전원 및 접지단을 점검함

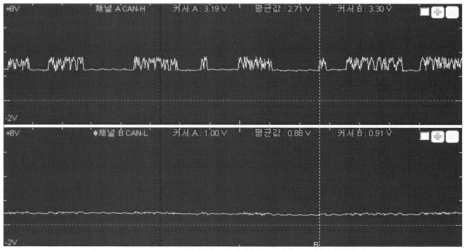

✳ MDPS CAN Low 통신 라인 확인 시 불량 파형 출력됨

✳ MDPS E22-U
커넥터 9번 단재(0.3Br) 핀
탈거 시 내부에 이물질 유입 확인

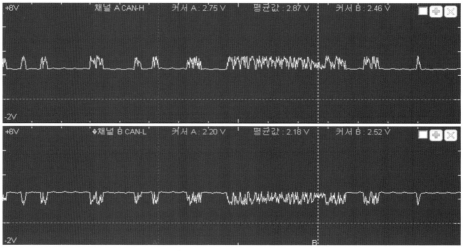

✳ 수리한 후 정상 파형

❸ 조치

▣ 조치 내용

- MDPS E22-U 커넥터 9번 단자의 이물질 제거 및 핀 텐션을 수정한 후 완료.

․ ․ ․ ․
＊ MEMO ┈┈┈

사례 ⟨14⟩ C-CAN 불량으로 다중 경고등 점등

❶ 진단

- **차종** : 그랜저 HG
- **고장 증상**
  - 4시간 이상 뜨거운 햇볕에 차량을 노출한 후에 시동하면 클러스터(계기판)에 다중 경고등이 점등됨.

- **정비 이력**
  - 메인 컨트롤의 와이어링 교환, 엔진 ECU 교환, VDC 모듈 교환

- **고장 코드**
  - C-CAN 통신 시간 초과
  - 엔진, 자동변속기, VDC, 에어백 등에서 자기진단 결과 CAN 통신 관련 다중의 고장 코드가 발생됨

❷ 점검

- **점검 내용**
  - 평상시의 조건에서는 트러블 현상의 재현이 불가함으로 약 1시간 정도 히터를 작동시켜 실내를 가열한 후에 트러블 증상이 발생됨.
  - 동승석 A필러 하단의 EF01 커넥터 8번 핀의 배선에서 단선을 확인함.

  ※ EF01의 커넥터를 조립할 때 커넥터의 위치에 대한 배선의 여유(긴장)가 불충분함으로써 열간시 배선의 당김이 발생하여 8번 핀의 단선이 확인됨.

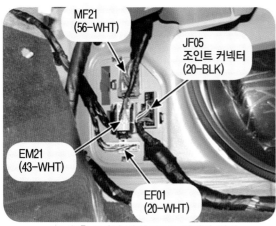

우측 A필러 아래 EF01 커넥터 위치

8번 핀의 단선 모양

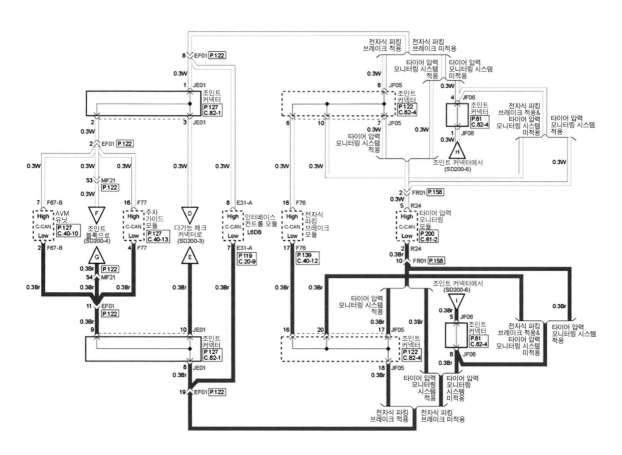

EF01 커넥터 배선도

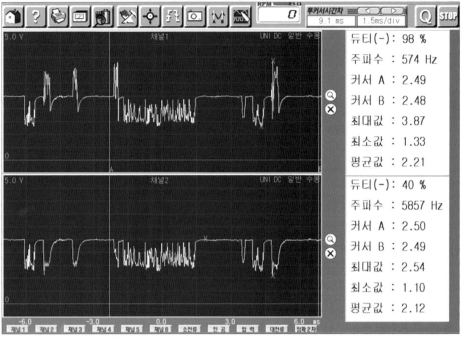

✳ C−CAN High 라인 단선으로 인한 불량 파형

❸ 조치

▣ 점검 내용

- C−CAN High 라인 와이어링 단선부분의 레이아웃을 수정하여 연결 조치함.

✳ MEMO

사례 ⟨15⟩ CAN 통신 불량으로 경고등 및 시프트 레버 이동불가

❶ 진단

- ■ **차종** : YF 소나타
- ■ **고장 증상**
  - 초기 시동 후 클러스터의 각종 경고등이 점등 됨
  - 시프트 레버의 이동 불가 및 클러스터에 변속단이 표시가 안됨.

⁂ ENG, VDC, ABS, EBD, ACU 경고등　　　⁂ 변속단 표시등 – 미점등

- ■ **정비 이력** : 없음.

- ■ **고장 코드**
  - 고장 코드 진단 불가함.

고장코드 자동검색			
● 상태: 검색 완료			
제어장치	고장코드	고장코드명	상태
ENGINE - 엔진제어		통신실패 / 선택시스템, IG key, DLC를 확인하십시오.	
AT - 자동변속		통신실패 / 선택시스템, IG key, DLC를 확인하십시오.	
ESP - 제동제어		통신실패 / 선택시스템, IG key, DLC를 확인하십시오.	
AIRBAG - 에어백(1차충...		통신실패 / 선택시스템, IG key, DLC를 확인하십시오.	
SMARTKEY - 스마트키...		발견된 고장코드가 없습니다.	

❷ 점검

■ 점검 내용

– 다중의 경고등이 점등됨에 따라 CAN 통신 파형을 점검함

– 출력 파형이 비정상임을 확인.

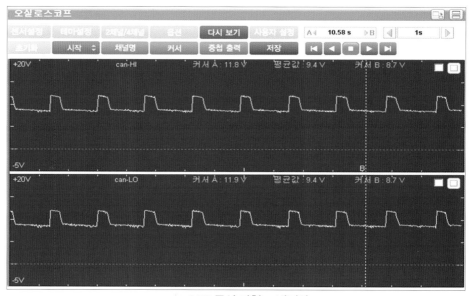

❋ CAN 통신 파형 – 비정상

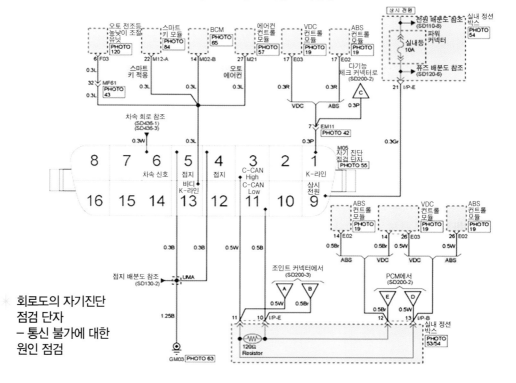

❋ 회로도의 자기진단
점검 단자
– 통신 불가에 대한
원인 점검

– 고장 코드의 진단이 불가능 하여 전체적으로 영향을 미칠 수 있는 부분인 접지부분을 점검함.

※ 너트의 조임 토크 및 스터드 볼트 부분의 도막으로 인한 접지저항의 과다로 접지가 불량한 것으로 판단됨.

※ 에어백 모듈 접지 스터드 볼트 부분 및 너트 점검

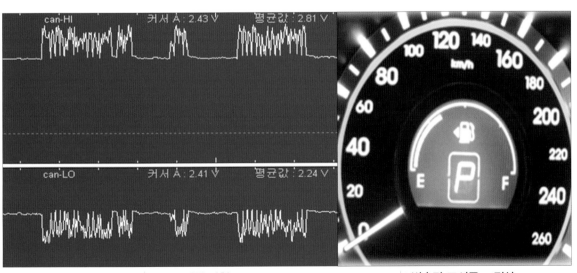

※ CAN 정상 파형   ※ 변속단 표시등 – 정상

❸ 조치

▣ 조치 내용

- ACU 접지단의 조임 토크 및 도막에 의한 접지저항의 과다로 초기 시동 후 클러스터의 각종 경고등이 점등되고 시프트 레버의 이동불가 및 클러스터 변속단의 인식 불가 증상이 발생하여 접지단 스터드 볼트의 도막 제거 및 고정 너트를 교환함.

. . . .
✳ MEMO

사례 ⟨16⟩ CAN 통신 불량

❶ 진단

- **차종** : 그랜저 HG
- **고장 증상**
  - 주행 중 시동이 걸린 상태에서 각종 경고등이 점등되고 RPM 게이지의 작동이 불량하다.
  - 변속 레버 P위치에서 이동이 불가능한 현상이 발생함.

✳ 클러스터에 경고등 점등

- **정비 이력**
  - PCU 교환   /   – 클러스터 교환   /   – IPM 교환.

- **고장 코드**
  - 엔진, 자동변속기, 제동, 에어백, 파워스티어링, EPB, TPMS 통신 등 다중 통신 불량

❷ 점검

- **점검 내용**
  - 컨트롤 관련 각종 접지 확인
  - PCU에서 자기진단 커넥터까지 CAN 통신 흐름도 점검.
  - CAN 통신 파형 확인 – 전압만 걸려 있고 통신 파형은 미 출력됨을 확인.

– 통신과 관련된 모듈을 점검해 나감.

– 관련성이 있는 모듈 및 관련 배선을 하나씩 점검해 나감.

– 뒤 범퍼 쪽의 TPMS 관련 커넥터 탈거시에 정상 통신 파형이 출력됨을 확인.

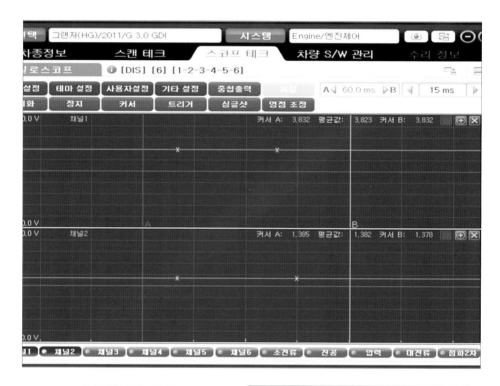

* 통신 파형 미출력
 – 전압만 걸려 있음

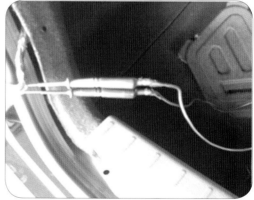

PCU에서 자기진단 커넥터까지 CAN 흐름도

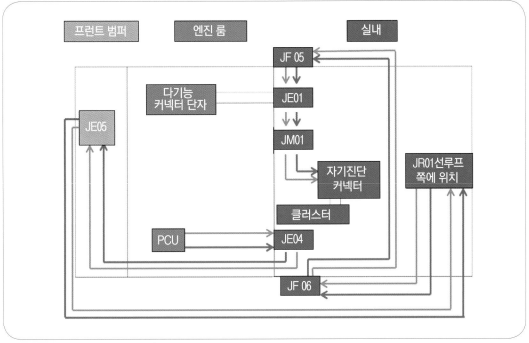

❋ 차량의 전반적인 CAN 통신 흐름도 파악

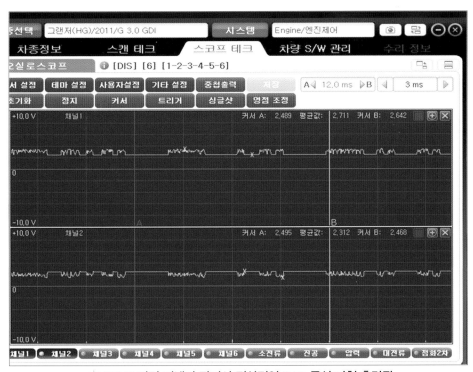

❋ TPMS 관련 커넥터 탈거시 정상적인 CAN 통신 파형 출력됨

✳ TPMS 유닛 위치와
   수분 침투 확인

❸ 조치

▣ 조치 내용

– TPMS 유닛 커넥터에 수분의 유입으로 인하여 CAN 통신 불량이 발생되어 TPMS 유
닛 및 관련 배선을 교환

✳ MEMO

사례 ⟨17⟩ B-CAN 슬립모드 진입 불가로 차량 방전

❶ 진단

- ◼ **차종 :** 벨로스터(FS) 터보
- ◼ **고장 증상**
  - 배터리 과방전 발생으로 입고 함.
- ◼ **정비 이력 :**
  - 오디오, SJB 교환.

❷ 점검

- ◼ **점검 내용**
  - 입고 당시 방전 테스트 결과 암전류 량이 1300mA로 확인 됨.
  - 도어 잠금, 멀티미디어, 메모리 퓨즈 탈거 시 방전되지 않음.
  - 도어 잠금(20A) : 250mA, 메모리(10A) : 150mA, 멀티미디어(15A) : 900mA 의 전류 소모

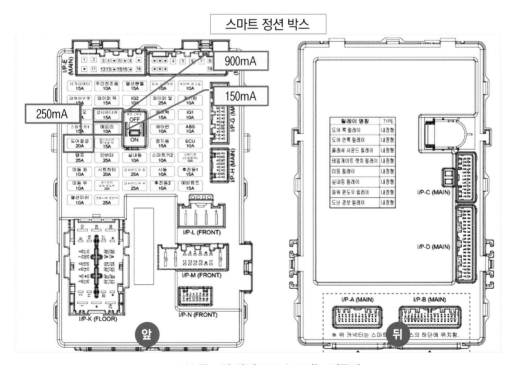

✳ 퓨즈별 방전으로 소모되는 전류량

– B-CAN 통신 관련 파형을 측정한 결과 슬립모드로 진입하지 못함.

– SJB I/P-A 커넥터 탈거 시에 B-CAN이 슬립모드로 진입이 됨

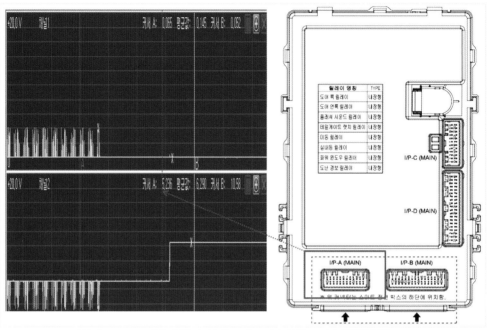

✻ SJB IP-A 커넥터 탈거 시에 B-CAN이 슬립모드로 진입이 됨

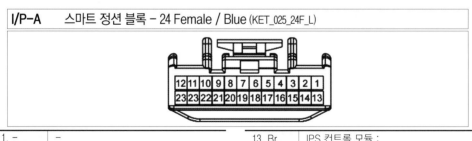

| I/P-A | 스마트 정션 블록 – 24 Female / Blue (KET_025_24F_L) |

1. –	–		13. Br	IPS 컨트롤 모듈 :
2. –	–			스포츠 모드 스위치
3. –	–			(시프트 록 솔레노이드)
4. –	–		14. –	–
5. –	–		15. –	–
			16. –	–
6. W	IPS 컨트롤 모듈 :		17. –	–
	엔진 룸 정션 블록 (안개등 앞 릴레이)		18. –	–
			19. –	–
7. B	IPS 컨트롤 모듈 :		20. –	–
	엔진 룸 정션 블록 (열선 유리 뒤 릴레이)		21. Br	IPS 컨트롤 모듈 :
8. –	–			정지 신호 전자 모듈,
9. –	–			PCM/ECM/TCM,
10. W/B	IPS 컨트롤 모듈 :			VDC 모듈, 스마트 키 컨트롤 모듈
	엔진 룸 정션 블록 (와이퍼 앞 릴레이)		22. –	–
			23. –	–
11. –	–		24. –	–
12. G	**IPS 컨트롤 모듈 : 후드 스위치**			

✻ 후드 스위치 관련 12번 핀 탈거시
B-CAN이 슬립모드 진입 확인됨

– I/P-A 커넥터 내 12번 후드 스위치 관련 커넥터를 탈거하면 정상
– 후드 스위치 관련 점검 결과 MF61-4번 커넥터 부위에 이물질의 유입이 확인되어 세
  척한 후 정상으로 확인됨

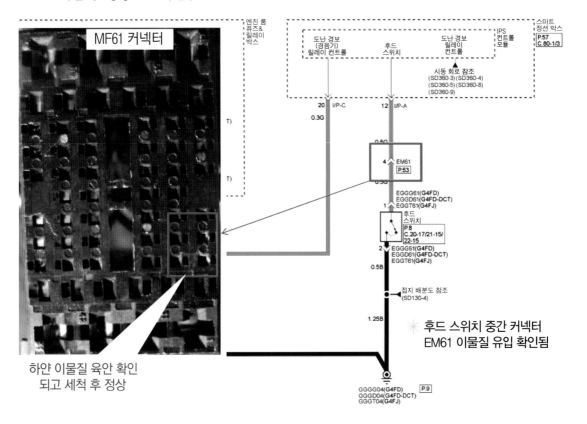

하얀 이물질 육안 확인
되고 세척 후 정상

후드 스위치 중간 커넥터
EM61 이물질 유입 확인됨

③ 조치

▣ 조치 내용

– 후드 스위치 중간 커넥터 세척하여 조치함.

· · · · ·
✳ MEMO ···

사례 ⟨18⟩ C-CAN 통신 고장 코드 및 경고등 점등

❶ 진단

- ▣ **차종** : 제네시스(DH) 3.3
- ▣ **고장 증상**
  - 간헐적으로 C-CAN 통신 고장코드 및 경고등이 점등 됨.

- ▣ **고장 코드** : 과거 고장
  - VDC 관련 코드 :

    C1643 요레이트 G센서측 CAN 통신 신호가 안나옴

    C162A 주행 모드 통합제어 관련 클러스터측 CAN 통신 신호가 출력되지 않음
  - EPB 관련 코드 : C1628 클러스터측 CAN 통신 신호가 출력되지 않음
  - CGW 관련 코드 : C1628 클러스터측 CAN 통신 신호가 출력되지 않음

❷ 점검

- ▣ **점검 내용**
  - 과거 고장 코드 확인하고 배선을 점검 함.

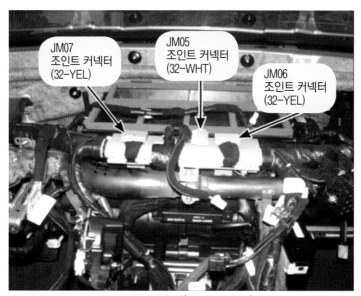

* JM05 20번 핀(C-CAN Low)

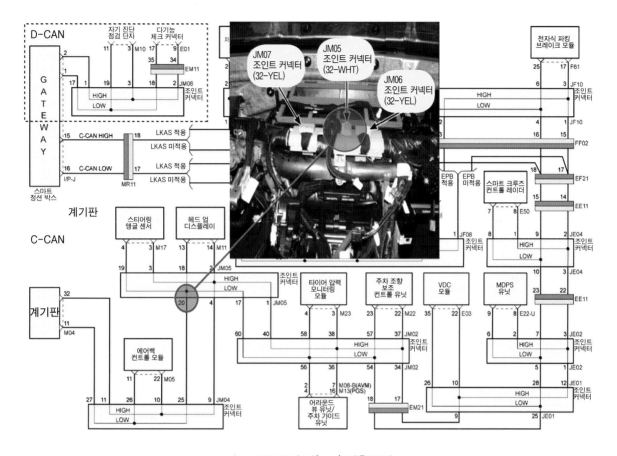

※ **JM05 20번 핀(Low) 접촉 불량**

– JM04 , JM05 와이어링 탈거 후 C-CAN High , Low 배선 점검 결과 JM05 20번 핀 (Low)의 접촉 불량 확인.

JM05 조인트 커넥터
- 32 Female / White (KET_025_32F_W)
- 단자 번호 1~6 : C-CAN (High)
- 단자 번호 7~12 : M-CAN (High)
- 단자 번호 13~16, 29~32 :
  상시전원(스마트 정션 박스 (암전류 자동 차단 장치 퓨즈 - 메모리1))
- 단자 번호 17~22 : C-CAN (Low)
- 단자 번호 23~28 : M-CAN (Low)

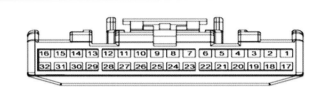

1. W	C-CAN(High) : 조인트 블럭 (JM02)	17. Br	C-CAN(Low) : 조인트 블럭 (JM02)	
2. W	C-CAN(High) : 헤드 업 디스플레이	18. Br	C-CAN(Low) : 헤드 업 디스플레이	
3. W	C-CAN(High) : 스티어링 앵글 센서	19. Br	C-CAN(Low) : 스티어링 앵글 센서	
4. W	C-CAN(High) : 조인트 커넥터 (JM04)	20. Br	C-CAN(Low) : 조인트 커넥터 (JM04)	
5. –	–	21. –	–	
6. –	–	22. –	–	
7. R	M-CAN(High) : 스마트 정션 박스 (게이트웨이)	23. L	M-CAN(Low) : 스마트 정션 박스 (게이트웨이)	
8. R	M-CAN(High) : 헤드 업 디스플레이	24. L	M-CAN(Low) : 헤드 업 디스플레이	
9. R	M-CAN(High) : 계기판	25. L	M-CAN(Low) : 계기판	
10. R	M-CAN(High) : 조인트 블럭 (JM02)	26. L	M-CAN(Low) : 조인트 블럭 (JM02)	
11. –	–	27. –	–	
12. –	–	28. –	–	
13. G/O	스마트 정션 박스 (암전류 자동 차단 장치 퓨즈 - 메모리 1)	29. G/O	스마트 정션 박스 (암전류 자동 차단 장치 퓨즈 - 메모리 1) : 에어컨 컨트롤 모듈	
14. G/O	스마트 정션 박스 (암전류 자동 차단 장치 퓨즈 - 메모리 1) : 익스터널 부저	30. G/O	스마트 정션 박스 (암전류 자동 차단 장치 퓨즈 - 메모리 1) : 시계	
15. G/O	스마트 정션 박스 (암전류 자동 차단 장치 퓨즈 - 메모리 1) : 도난 방지 인디케이터	31. G/O	스마트 정션 박스 (암전류 자동 차단 장치 퓨즈 - 메모리 1) : 계기판, 헤드 업 디스플레이	
16. G/O	스마트 정션 박스 (암전류 자동 차단 장치 퓨즈 - 메모리 1) : BCM	32. G/O	스마트 정션 박스 (암전류 자동 차단 장치 퓨즈 - 메모리 1) : 자기 진단 점검 단자	

✳ JM05 조인트 커넥터

❸ 조치

▣ 조치 내용

– JM05 20번 핀(Low) 접촉 불량으로 메인 와이어링을 교환한 후 완료.

❹ 포인트

〈 중앙 집중형 : 제네시스(DH) 〉

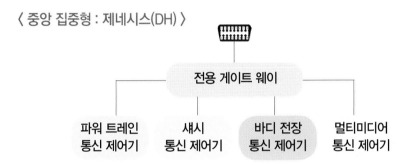

〈 분산형 : 에쿠스(VI) 〉

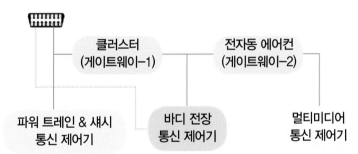

. . . .
✳ MEMO ··

사례 ⟨19⟩ 주행 중 간헐적 VDC 점등 및 가속 불량

① 진단

- **차종 :** 그랜저 TG
- **고장 증상**
  - 주행 중 간헐적으로 VDC 경고등이 점등되고 가속 불량의 현상이 발생하며, 트러블 현상이 발생시에 ECU와의 통신 불가능 현상이 발생하고 클러스터의 RPM 게이지와 온도 게이지가 떨어짐. 시동은 꺼지지 않음.

〈 문진 내용 〉

1. RPM 및 온도 게이지가 떨어지며, ECO 표시등 소등 이때 가속이 전혀 안됨
2. 시동 꺼짐은 없으며, 트러블 현상 발생시 ECU 측은 통신이 불가능 함
3. 트러블 현상 발생은 정차 중에도 발생되며, 정상과 비정상을 반복함
4. 트러블 현상 발생 중 시동 OFF 후 재시동시 전원의 이동은 되나 시동은 불가함
   (크랭킹 불가)
5. 트러블 현상이 상당히 불규칙적으로 발생됨

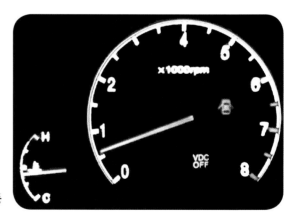

✳ VDC 경고등 점등

- **정비 이력**
  - ECU, TCU의 교환 이력 있음.

- **고장 코드**
  - U0100, C1616, C1643, C1623

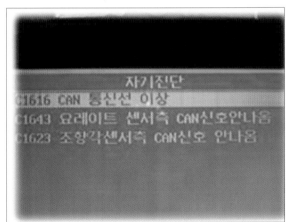

※ ECU 통신 불가

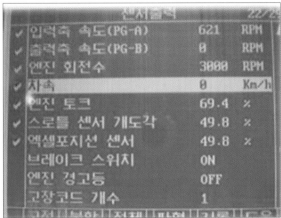

※ VDC 모듈 고장 코드

※ TCU 모듈 고장 코드

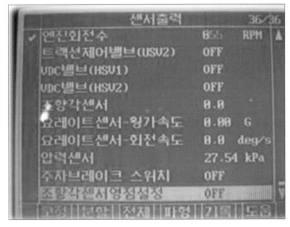

– 자동변속기 센서 출력 확인시 3000RPM으로 고정되고, VDC 센서 출력 확인시 RPM 이 클러스터와 동일하게 불규칙적으로 움직이고 있음

❷ 점검

▣ 점검 내용

– 트러블 현상이 발생된 상태에서 CAN 통신 관련 모듈을 하나씩 탈거 하였으나 동일한
   현상의 유지와 정상을 반복하여 배선의 문제로 추정 함.
– 사고 이력은 없으며, 정상적으로 운행하던 차량이다. 내비게이션만 매립식으로 개조 됨
– CAN 통신 파형 점검시 이상 확인함.
– 관련회로 전반적인 점검을 시작함.

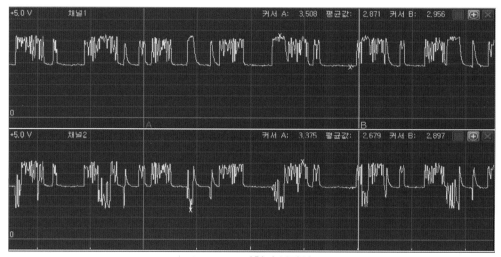

※ CAN Low 파형이 불량임

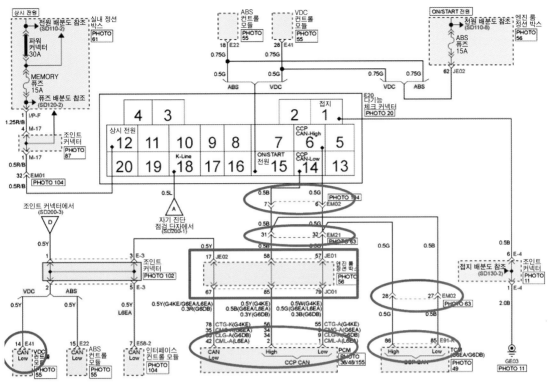

✳ 통신 관련 회로 점검

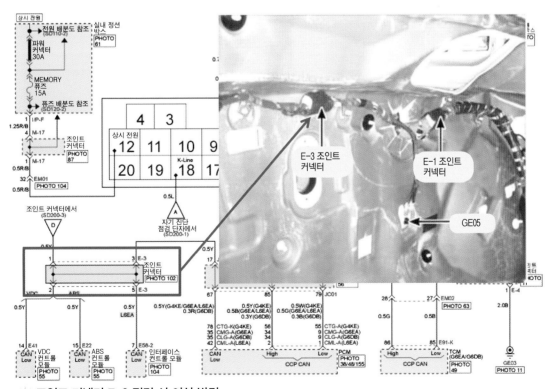

✳ 조인트 커넥터 E-3 점검 시 이상 발견

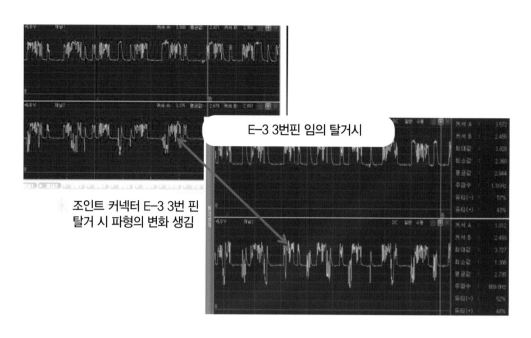

조인트 커넥터 E-3 3번 핀
탈거 시 파형의 변화 생김

E-3 3번핀 임의 탈거시

- 그러시 패드를 탈기한 후 트리블 현상이 재현되지 않는 상황에서 조인트 커넥터 E-3
는 핀 텐션의 어려움이 있어서 육안 점검과 충격만 주어 봤지만 이상이 없어서 다른 부
분들을 점검하고 나서야 마지막으로 E-3 부분만 핀 텐션을 확인하여 원인을 파악함.

❸ 조치

▣ 조치 내용

- E3 조인트 커넥터 3번 핀의 텐션 불량으로 수정한 후 완료.

. . . .
✳ MEMO ....

사례 ⟨20⟩ MDPS 무거워지고 클러스터에 경고등 점등

❶ 진단

▣ **차종** : 제네시스(DH)

▣ **고장 증상**

- 주행 중 클러스터에 각종 경고등이 점등되고 조향 핸들이 무거워짐.

✳ 클러스터에 경고등 점등

▣ **고장 코드**

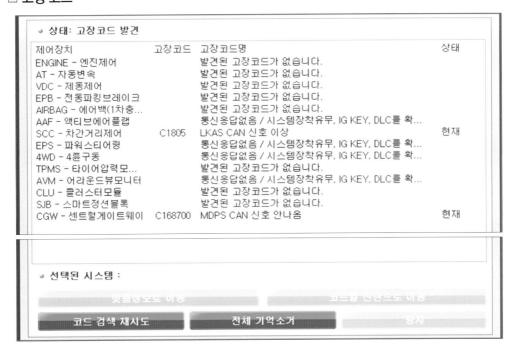

제어장치	고장코드	고장코드명	상태
ENGINE - 엔진제어		발견된 고장코드가 없습니다.	
AT - 자동변속		발견된 고장코드가 없습니다.	
VDC - 제동제어		발견된 고장코드가 없습니다.	
EPB - 전동파킹브레이크		발견된 고장코드가 없습니다.	
AIRBAG - 에어백(1차충...		발견된 고장코드가 없습니다.	
AAF - 액티브에어플랩		통신응답없음 / 시스템장착유무, IG KEY, DLC를 확...	
SCC - 차간거리제어	C1805	LKAS CAN 신호 이상	현재
EPS - 파워스티어링		통신응답없음 / 시스템장착유무, IG KEY, DLC를 확...	
4WD - 4륜구동		통신응답없음 / 시스템장착유무, IG KEY, DLC를 확...	
TPMS - 타이어압력모...		발견된 고장코드가 없습니다.	
AVM - 어라운드뷰모니터		통신응답없음 / 시스템장착유무, IG KEY, DLC를 확...	
CLU - 클러스터모듈		발견된 고장코드가 없습니다.	
SJB - 스마트정션블록		발견된 고장코드가 없습니다.	
CGW - 센트럴게이트웨이	C168700	MDPS CAN 신호 안나옴	현재

상태: 고장코드 발견

선택된 시스템 :

코드 검색 재시도   전체 기억소거

– 타 시스템의 기억 소거가 가능하나 EPS는 경고등이 점등되고 진단 장비를 통한 통신이 불가능 함

– CGW : C168700 , SCC : C1805 LKAS CAN 통신 이상, EPS : 통신 불가능 함

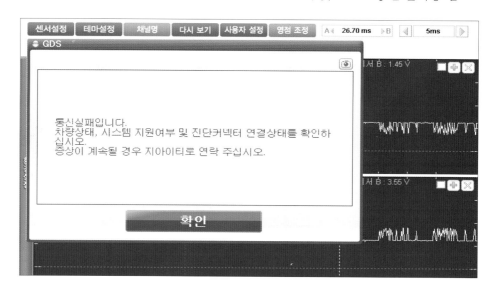

② 점검

▣ 점검 내용

– EPS는 경고등이 점등되고 진단 장비를 통한 통신이 불가능함으로 MDPS측 전원단 및 접지단을 점검하였으나 특이점을 발견하지 못함.

– C-CAN 통신 파형은 양호하게 출력됨으로 MDPS 내부의 불량으로 추정 함.

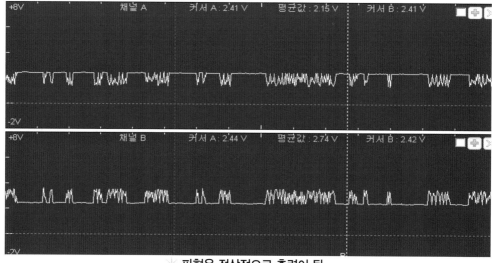

✳ 파형은 정상적으로 출력이 됨

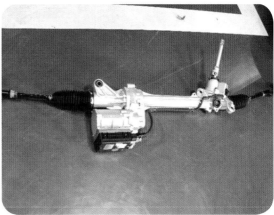

✳ 전원단 및 접지단은 특이점 없음– MDPS 내부 불량 판정

❸ 조치

▣ 조치 내용

– MDPS 내부의 불량으로 MDPS를 교환한 후 완료.

✳ MEMO ·······

① 진단

■ **차종** : 제네시스(DH)

■ **고장 증상**

  − 간헐적으로 각종 경고등 점등(CAN 고장 코드) 및 통신 불량

※ 간헐적으로 클러스터에 경고등 점등

■ **고장 코드**

I-BOX – I-BOX		발견된 고장코드가 없습니다.	
SMK – 스마트키유닛		발견된 고장코드가 없습니다.	
CGW – 센트럴게이트웨이	C161600	CAN 라인 OFF(C-CAN)	과거
CGW – 센트럴게이트웨이	B281000	AVM/PGS CAN 신호 안나옴	현재
CGW – 센트럴게이트웨이	C162800	클러스터측 CAN 신호 안나옴	현재
CGW – 센트럴게이트웨이	C165100	EPB측 CAN 신호 안나옴	현재
CGW – 센트럴게이트웨이	C168700	MDPS CAN 신호 안나옴	현재
CGW – 센트럴게이트웨이	C165900	조향각센서(SAS)측 CAN신호 안 나옴	현재
CGW – 센트럴게이트웨이	C181900	TPMS CAN 신호 안나옴	현재
CGW – 센트럴게이트웨이	C166D00	HUD CAN 신호 안나옴	현재
BCM – 바디전장제어	B163E00	레인 센서 모듈 LIN 이상	현재
DDM – 운전석도어모듈		발견된 고장코드가 없습니다.	
ADM – 승객석도어모듈		발견된 고장코드가 없습니다.	
SJB – 스마트정션블록		발견된 고장코드가 없습니다.	
CLU – 클러스터모듈		통신응답없음 / 시스템장착유무, IG KEY, DLC를 확…	
HUD – 헤드업디스플레이		통신응답없음 / 시스템장착유무, IG KEY, DLC를 확…	
PSM – 파워시트모듈		발견된 고장코드가 없습니다.	
DSS – 운전석시트스위치		발견된 고장코드가 없습니다.	
SLB – 시트허리높이조절		발견된 고장코드가 없습니다.	
PTM – 파워트렁크모듈		통신응답없음 / 시스템장착유무, IG KEY, DLC를 확…	
MFSW – 멀티펑션스위치		발견된 고장코드가 없습니다.	
SCM – 스티어링컬럼모듈		발견된 고장코드가 없습니다.	

※ 4WD − U0126 , AHS − B2594

❷ 점검

▣ 점검 내용

- 자기진단 시에 전체 통신 불량을 확인 함 - KEY OFF 후 정상
- DTC를 기준으로 중첩되는 부위(FF02, MF21, MR11) 점검

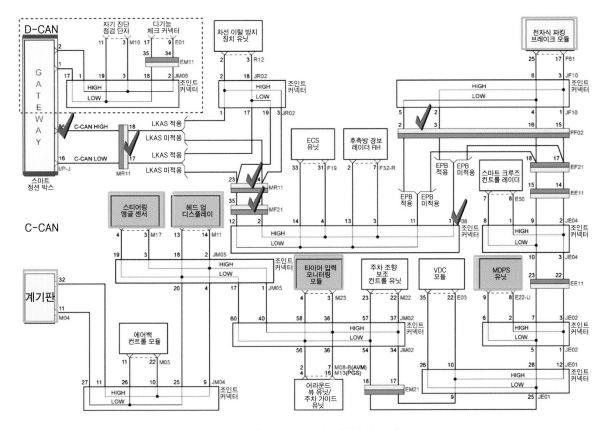

✳ 고장 코드별 중첩부위 점검

- MR11 커넥터에서 이상 발견
- 레인센서 모듈 LIN 통신 이상

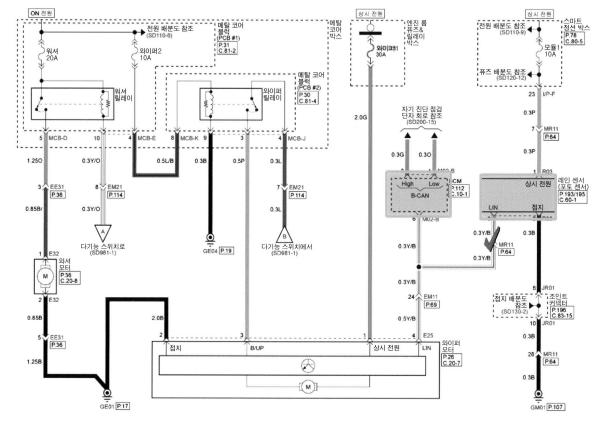

✳ 연결되는 부위 : MR11

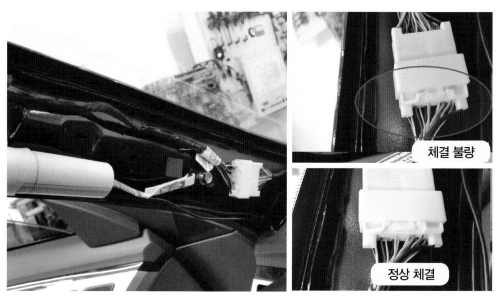

체결 불량

정상 체결

✳ MR11 커넥터 체결 불량 확인

❸ 조치

▣ 조치 내용

- MR11 커넥터의 체결 불량으로 커넥터 내부의 핀 확인하고 커넥터 정상으로 체결한 후
완료 함.

. . . .
✳ MEMO ....

사례 22 경고등 점등 및 클러스터 게이지 DROP 현상 발생

1 진단

▣ **차종** : 소나타(YF)

▣ **고장 증상**

- 간헐적으로 경고등(EPS, VDC, ABS 등)의 점등과 함께 변속단이 표시되지 않음, 스티어링 휠 무거움, 클러스터의 RPM 게이지 및 속도 게이지가 다운되는 현상이 발생 함.

✳ 트러블 현상 발생 시 클러스터

▣ **고장 코드**

🔵 상태: 고장코드 발견			
제어장치	고장코드	고장코드명	상태
ABSVDC – 제동제어	C1616	CAN 라인 OFF	과거
ABSVDC – 제동제어	C1623	조향각 센서측 CAN 신호 안나옴	과거
ABSVDC – 제동제어	C1643	요-레이트 & G(가속도) 센서측 CAN 신호 수신 이상	과거
ABSVDC – 제동제어	C1702	사양 설정 오류	과거
ABSVDC – 제동제어	C1687	VSM2 (MDPS) CAN 신호 안나옴	과거
ABSVDC – 제동제어	C1285	종방향 G(가속도) 센서 - 영점 설정 안됨	과거
EPB – 전동파킹브레이크		통신응답없음 / 시스템장착유무, IG KEY, DLC를 확...	
AIRBAG – 에어백(1차충...	B250000	에어백 경고등 고장	과거
AIRCON – 에어컨		통신응답없음 / 시스템장착유무, IG KEY, DLC를 확...	
EPS – 파워스티어링	C1611	EMS측 CAN 신호 안나옴	과거
TPMS – 타이어압력모...		통신응답없음 / 시스템장착유무, IG KEY, DLC를 확...	
AHLS – 오토헤드램프레...		통신응답없음 / 시스템장착유무, IG KEY, DLC를 확...	
CUBIS – CUBIS-T		통신응답없음 / 시스템장착유무, IG KEY, DLC를 확...	
IMMO – 이모빌라이저		-- 고장코드 진단을 지원하지 않는 시스템입니다. --	
SMK – 스마트키유닛		통신응답없음 / 시스템장착유무, IG KEY, DLC를 확...	
PDM – 전원분배모듈		통신응답없음 / 시스템장착유무, IG KEY, DLC를 확...	
SMKCODE – 스마트키...		-- 고장코드 진단을 지원하지 않는 시스템입니다. --	
BCM – 바디전장제어		발견된 고장코드가 없습니다.	
SJB – 스마트정션블럭		발견된 고장코드가 없습니다.(0)	
CLU – 클러스터모듈		발견된 고장코드가 없습니다.(0)	
CODE – 트랜스미터코...		-- 고장코드 진단을 지원하지 않는 시스템입니다. --	

❷ 점검

▣ 점검 내용

– 증상 발생 시 CAN 통신 파형의 측정 및 종단 저항을 측정한 결과 종단 저항은 118Ω이 측정되어 문제의 현상이 발생됨.

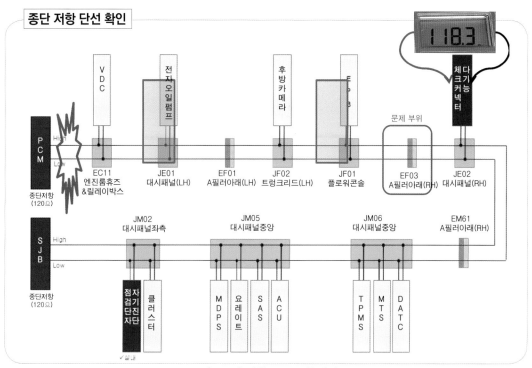

✳ 종단 저항 118Ω 측정됨

✳ 종단 저항 측정
– 다기능 체크
커넥터에서 측정

✳ PCM 커넥터 탈거 후 다기능 체크 커넥터에서 종단 저항 측정

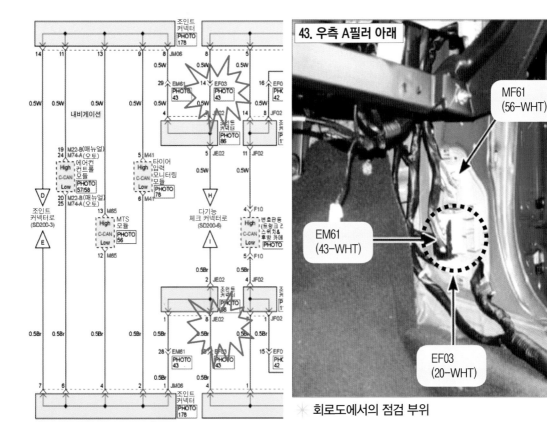

43. 우측 A필러 아래

MF61
(56-WHT)

EM61
(43-WHT)

EF03
(20-WHT)

✳ 회로도에서의 점검 부위

❸ 조치

▣ 조치 내용

– 동승석 A필러 하단 EF03 커넥터의 체결 불량으로 EF03 커넥터 CAN High/Low 핀
의 텐션을 확인하고 커넥터를 재체결한 후 완료함.

. . . .
✳ MEMO ··

제2장 현대자동차 고장사례 실무 · **133**

단락으로 인한 경고등 점등

❶ 진단

■ **차종** : 소나타(YF)

■ **고장 증상**

 – 주행 중 간헐적으로 클러스터에 경고등이 점등 됨.

 – 변속단 표시, 온도 게이지, RPM 게이지의 작동 불량도 발생 함.

■ **고장 코드** : 전체 통신 불량

제어장치	고장코드	고장코드명	상태
ENGINE - 엔진제어		통신응답없음 / 시스템장착유무, IG KEY, DLC를 확...	
AT - 자동변속		통신응답없음 / 시스템장착유무, IG KEY, DLC를 확...	
VDC - 제동제어		통신응답없음 / 시스템장착유무, IG KEY, DLC를 확...	
EPB - 전동파킹브레이크		통신응답없음 / 시스템장착유무, IG KEY, DLC를 확...	
AIRBAG - 에어백(1차충...		통신응답없음 / 시스템장착유무, IG KEY, DLC를 확...	
AIRCON - 에어컨		통신응답없음 / 시스템장착유무, IG KEY, DLC를 확...	
EPS - 파워스티어링		통신응답없음 / 시스템장착유무, IG KEY, DLC를 확...	
4WD - 4륜구동		통신응답없음 / 시스템장착유무, IG KEY, DLC를 확...	
TPMS - 타이어압력모...		통신응답없음 / 시스템장착유무, IG KEY, DLC를 확...	
SPAS - 자동주차시스템		통신응답없음 / 시스템장착유무, IG KEY, DLC를 확...	
LDWS - 차선이탈경보		통신응답없음 / 시스템장착유무, IG KEY, DLC를 확...	
AHLS - 오토헤드램프레...		통신응답없음 / 시스템장착유무, IG KEY, DLC를 확...	
CUBIS - CUBIS-T		통신응답없음 / 시스템장착유무, IG KEY, DLC를 확...	
IMMO - 이모빌라이저		통신응답없음 / 시스템장착유무, IG KEY, DLC를 확...	
SMK - 스마트키유닛		통신응답없음 / 시스템장착유무, IG KEY, DLC를 확...	
BCM - 바디전장제어		통신응답없음 / 시스템장착유무, IG KEY, DLC를 확...	
DDM - 운전석도어모듈		통신응답없음 / 시스템장착유무, IG KEY, DLC를 확...	
ADM - 조수석도어모듈		통신응답없음 / 시스템장착유무, IG KEY, DLC를 확...	
SJB - 스마트정션블록		통신응답없음 / 시스템장착유무, IG KEY, DLC를 확...	
CLU - 클러스터모듈		통신응답없음 / 시스템장착유무, IG KEY, DLC를 확...	

상태: 검색 완료

❷ 점검

■ **점검 내용**

 – 자기진단 시에 전체 통신이 불가능 하여 통신 파형으로 점검한 결과 통신 파형이 불량으로 출력됨을 확인함.

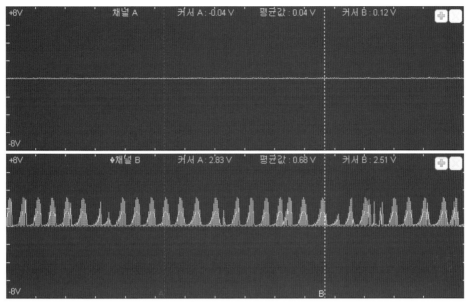

✳ 비정상 통신 파형

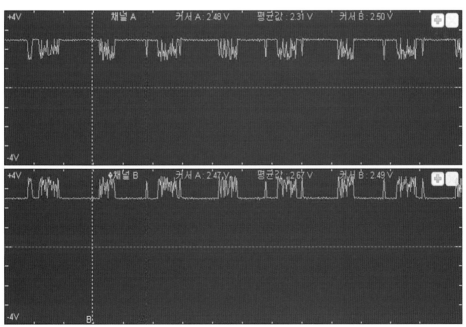

✳ 정상 통신 파형

- 통신 루트 관련 엔진 룸에서의 자기진단과 실내에서의 자기진단이 동시 단락됨을 확인하고 다음 사항을 점검함.
  - EF03, EM61, EF01 탈거하면서 체크
  - EF61 탈거 시 실내의 점검에서는 정상, 엔진 룸에서 점검은 단락 확인
  - EF03 탈거 시 실내 및 엔진 룸에서의 점검 모두 정상
  - EF01 탈거 시 실내 및 엔진 룸에서의 점검 모두 단락 확인
  - 플로어 배선 점검 시 트렁크를 열고 닫는 과정 중에 불량의 현상이 사라짐
  - 트렁크 탈거 후 JE02 조인트 커넥터 옆 단락 확인됨

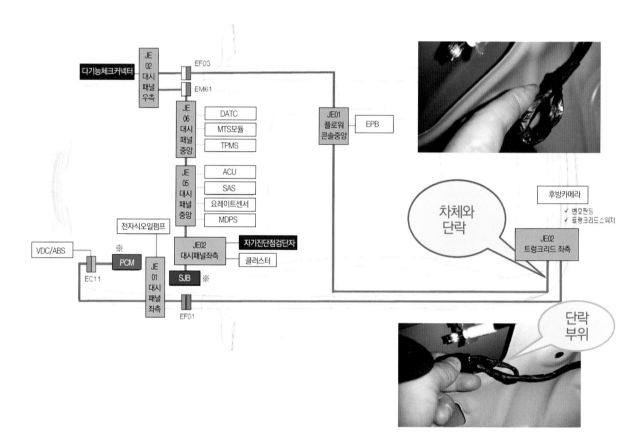

※ **차체 단락 부위와 사진**

❸ 조치

▣ 조치 내용

‒ 고장 원인은 트렁크 JE02 옆 차체와 단락으로 인하여 트러블 발생 하였고, 배선 루트를 수정한 후 테이핑 처리로 완료 함.

✳ MEMO ···

❶ 진단

- ▣ **차종** : 소나타(YF)
- ▣ **고장 증상** :
  - 클러스터에 경고등이 점등됨.
  - 2회 크랭킹 시에 시동되는 시동 지연 현상이 발생하고, 변속레버 P−레인지가 해제 불가능한 현상이 발생 됨.

경고등 점등

- ▣ **고장 코드**
  - 섀시 CAN 통신의 불량이 발생 함.

제어장치	고장코드	고장코드명	상태
ENGINE - 엔진제어		통신응답없음 / 시스템장착유무, IG KEY, DLC를 확...	
AT - 자동변속		통신응답없음 / 시스템장착유무, IG KEY, DLC를 확...	
ABSVDC - 제동제어		통신응답없음 / 시스템장착유무, IG KEY, DLC를 확...	
AIRCON - 에어컨	B1672	냉매입력센서(APT)이상 - CAN Signal	현재
AIRCON - 에어컨	B1685	엔진 RPM 이상 - CAN Signal	현재
AIRCON - 에어컨	B1686	차속 신호이상 - CAN Signal	현재
AIRCON - 에어컨	B1687	냉각 수온 센서(ECTS) 회로 이상	현재
EPS - 파워스티어링		통신응답없음 / 시스템장착유무, IG KEY, DLC를 확...	
CUBIS - CUBIS-T		통신응답없음 / 시스템장착유무, IG KEY, DLC를 확...	
SMK - 스마트키유닛		발견된 고장코드가 없습니다.	
SMK - 전원분배모듈		발견된 고장코드가 없습니다.(0)	
BCM - 클러스터모듈		발견된 고장코드가 없습니다.(0)	
BCM - 스마트정션블록		발견된 고장코드가 없습니다.(0)	
BCM - 바디전장제어		발견된 고장코드가 없습니다.	

❷ 점검

▣ 점검 내용

- 자기진단 단자 CAN High-W, CAN Low-Br 전압 점검
- CAN High-약 2.1V, CAN Low-2.1V로 CAN High의 단선을 추정하고 배터리를 탈
  거한 후 종단 저항을 측정함.

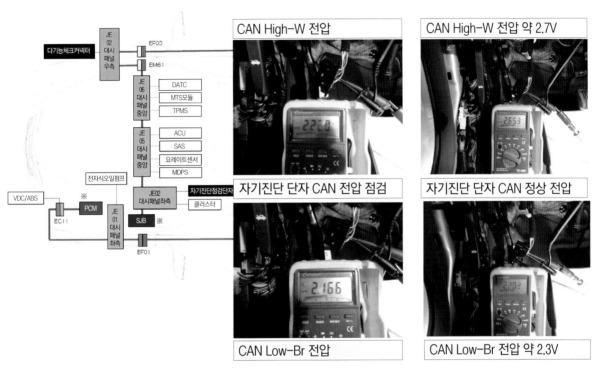

※ CAN LINE 전압 측정

- CAN High-W, CAN Low-Br 저항 120Ω으로 CAN 라인의 단선을 점검 함.
- EF03 커넥터와 EF01 커넥터를 탈거한 후 종단 저항을 측정하니 120Ω과 ∞(무한대)
  Ω이 측정됨.

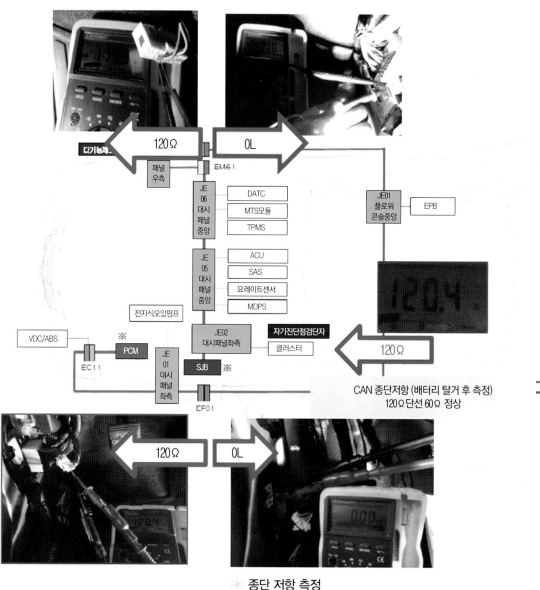

※ 종단 저항 측정

- 관련 배선 점검
- 운전석 A필러 하단 EF01 커넥터 CAN High, Low 저항을 점검 EF03 커넥터 방향으로 저항을 확인한 결과 JF02 ∞(무한대) Ω 으로 단선을 확인.
- 운전석 A필러 하단 EF03 커넥터 CAN High, Low 저항을 점검 EF01 커넥터 방향으로 저항을 확인한 결과 JF02 ∞(무한대) Ω 으로 단선을 확인.

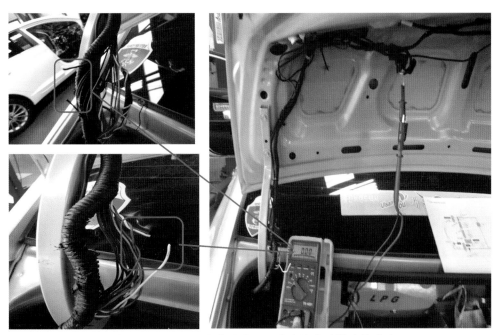

✳ C-CAN High 라인 단선으로 인해 불량 파형이 출력됨

❸ 조치

▣ 조치 내용

- 트렁크 와이어링 CAN High 라인과 접지 부분이 단선되어 솔더링(soldering) 및 배선 테이핑 작업한 후 완료함.

❹ 포인트

※ CAN 라인 점검

- 정상적인 종단 저항은 60 Ω이고, CAN High, Low 중 하나가 단선 시 120 Ω이며, 커넥터 탈거 시 양방향 모두 120 Ω이 측정되면 정상 임.
- 커넥터를 탈거한 후 CAN High, Low단 종단 저항 점검 시 120 Ω이면 정상이며, ∞(무한대) Ω이면 CAN 라인의 단선으로 판단하면 됨.

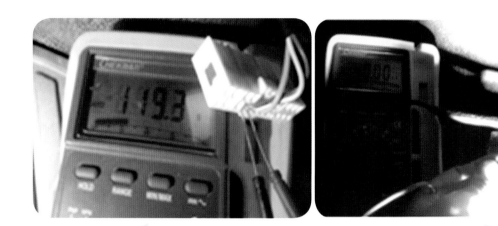

120 Ω   ∞ Ω

사례 ⟨25⟩ 주행 중 간헐적 CAN 관련 경고등이 점등

① 진단

▣ **차종 :** 제네시스(DH)

▣ **고장 증상**

　– 주행 중 간헐적으로 CAN 관련 경고등이 점등되는 현상 발생.

▣ **정비 이력**

　– CAN 관련 일반적인 커넥터 및 와이어의 접촉 불량으로 점검함.

　– IGPM 및 LKAS 모듈을 교환 함.

▣ **고장 코드**

CGW – 센트럴게이트웨이	B158100	BCM 점화 스위치 신호 이상	
CGW – 센트럴게이트웨이	B281000	AVM/PGS CAN 신호 안나옴	
CGW – 센트럴게이트웨이	C162800	클러스터측 CAN 신호 안나옴	
CGW – 센트럴게이트웨이	C165100	EPB측 CAN 신호 안나옴	
CGW – 센트럴게이트웨이	C180400	LKAS CAN 통신시간 초과	
CGW – 센트럴게이트웨이	C168700	MDPS CAN 신호 안나옴	
CGW – 센트럴게이트웨이	C165900	조향각센서(SAS)측 CAN신호 안 나옴	
CGW – 센트럴게이트웨이	C166700	ACC/SCC측 CAN 신호 안나옴	
CGW – 센트럴게이트웨이	C181900	TPMS CAN 신호 안나옴	
CGW – 센트럴게이트웨이	C166D00	HUD CAN 신호 안나옴	

SCC – 차간거리제어	C1804	LKAS CAN 통신시간 초과	과거
SCC – 차간거리제어	C1812	게이트웨이 CAN 신호 안나옴	과거
SCC – 차간거리제어	C1822	NAVI CAN 통신시간 초과	과거
SCC – 차간거리제어	C1823	NAVI CAN 신호 이상	과거
EPS – 파워스티어링	C1812	제원에 정의되어 있지 않거나 정보를 찾을 수 없습…	과거
ECS – 전자제어서스펜션		통신응답없음 / 시스템장착유무, IG KEY, DLC를 확…	
4WD – 4륜구동		발견된 고장코드가 없습니다.	
PSB – 프리세이프시트…		통신응답없음 / 시스템장착유무, IG KEY, DLC를 확…	
TPMS – 타이어압력모…	C1212	차속 신호 이상	과거
TPMS – 타이어압력모…	C180B	제원에 정의되어 있지 않거나 정보를 찾을 수 없습…	과거
SPAS – 자동주차지원시…		통신응답없음 / 시스템장착유무, IG KEY, DLC를 확…	
LDWS – 차선이탈경보	C162587	ABS/VDC측 CAN 신호 안나옴	과거
LDWS – 차선이탈경보	C168787	VSM2 (MDPS) CAN 신호 안나옴	과거
LDWS – 차선이탈경보	C162387	조향각 센서측 CAN 신호 안나옴	과거
LDWS – 차선이탈경보	C162887	클러스터측 CAN 신호 안나옴	과거
BSD – 후측방경보장치		통신응답없음 / 시스템장착유무, IG KEY, DLC를 확…	
AHLS – 오토헤드램프레…		발견된 고장코드가 없습니다.	
AVM – 어라운드뷰모니터		발견된 고장코드가 없습니다.	
PGS – 주차안내시스템		통신응답없음 / 시스템장착유무, IG KEY, DLC를 확…	
AHS – 액티브후드시스템	B2594	AHS 경고등 이상	과거

❷ 점검

▣ 점검 내용

 – 주행 중 트러블 현상이 발생되어 관련 배선의 접촉 불량을 추정하여 점검 함.

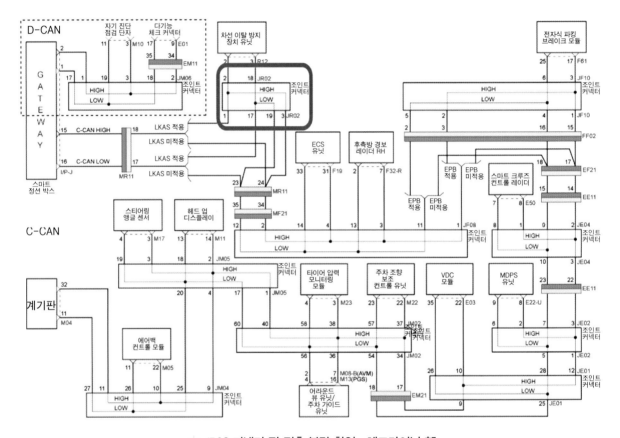

✳ JR02 커넥터 핀 접촉 불량 확인– 헤드라이닝 部

 – 조인트 커넥터 19번 Br CAN Low 회로 핀 텐션 불량 확인

C-CAN(Chassis CAN Network)

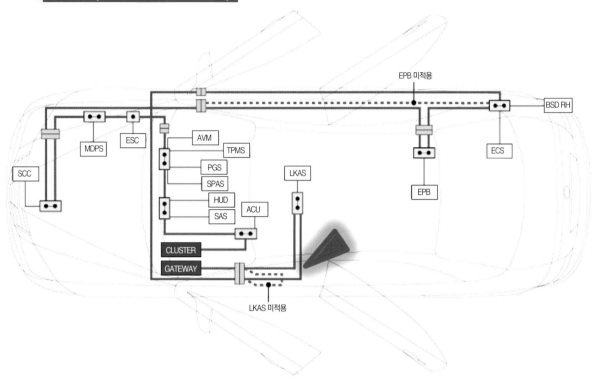

GATEWAY	스마트 정션 박스(게이트웨이)
CLUSTER	계기판
SAS	스티어링 앵글 센서
HUD	헤드 업 디스플레이
AVM	어라운드 뷰 유닛
PGS	주차 가이드 유닛
SPAS	주차 조향 보조 컨트롤 모듈
TPMS	타이어 압력 모니터링 모듈
LKAS	차선 이탈 방지 장치 유닛
ACU	에어백 컨트롤 모듈
ESC	VDC 모듈
MDPS	MDPS 유닛
SCC	스마트 크루즈 컨트롤 레이더
EPR	전자식 파킹 브레이크 모듈
ECS	ECS 유닛
BRD RH	후측방 경보 레이더 RH

✳ **계통도를 통한 불량 부위 추적**

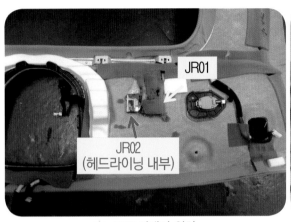

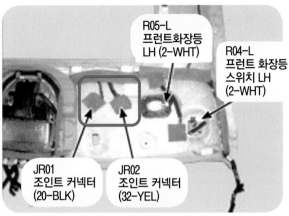

✳ JR02 커넥터 위치   ✳ 루프 트림 좌측 앞

JR02	조인트 커넥터 (LKAS 적용)
	– 32 Female / Yellow (KET_025_32F_Y)
	– 단자 번호 1~5 : C-CAN (High)
	– 단자 번호 6~10, 11~16 : 사용안함
	– 단자 번호 17~21 : C-CAN (Low)
	– 단자 번호 22~26, 27~32 : 사용안함

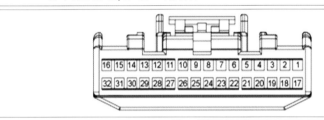

1. W	C-CAN(High) : 스마트 정션 박스 (게이트웨이)	17. Br	C-CAN(Low) : 스마트 정션 박스 (게이트웨이)
2. W	C-CAN(High) : 차선 이탈 방지 유닛	18. Br	C-CAN(Low) : 차선 이탈 방지 유닛
3. W	C-CAN(High) : 조인트 커넥터 (JF08)	19. Br	C-CAN(Low) : 조인트 커넥터 (JF08)

❸ 조치

◼ 조치 내용

– 헤드라이닝 교환(JR02 조인트 커넥터 부착품)

· · · ·
✳ MEMO ···

기아자동차
고장사례실무

제 3장
기아 자동차
고장 사례 실무

사례 ⟨1⟩ **시동 불량 현상**

① 진단

- **차종 :** K5 HEV
- **고장 증상**
  - 시동 불량 현상이 발생 함.

② 점검

- **고장 점검**

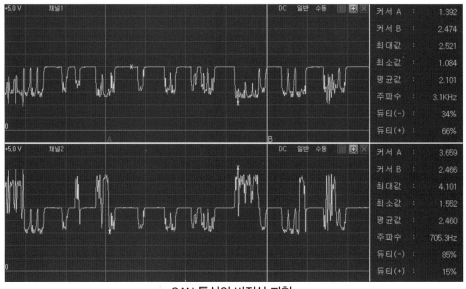

⁕ CAN 통신의 비정상 파형

– 종단 저항은 접촉이 불량할 경우 문제가 발생(60Ω ∼ 120Ω으로 변동)
– 배선의 접촉 불량에 의해 저항 변화 및 CAN 통신의 불량 파형이 출력 됨

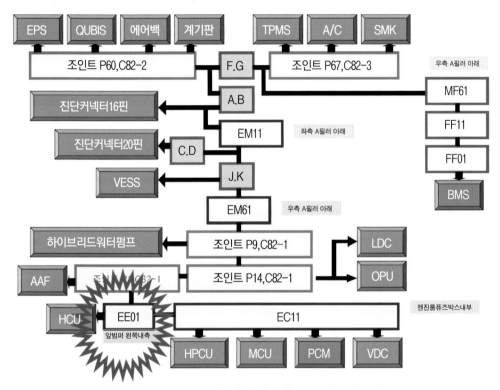

✳ 고장 발생 위치

❸ 조치

▣ 조치 내용
– EE01 커넥터 핀 수정 및 체결 완료.

✳ MEMO ·····

사례 ② 자기진단 시 통신 불량 발생

① 진단

- **차종** : 소렌토 R
- **고장 증상**
  - 자기진단 시 통신 불량 현상 발생

② 점검

- **고장 점검**
  - 종단 저항은 측정 시 정상적으로 측정되었으며, 기준 전압이 0.8V로서 불량함.

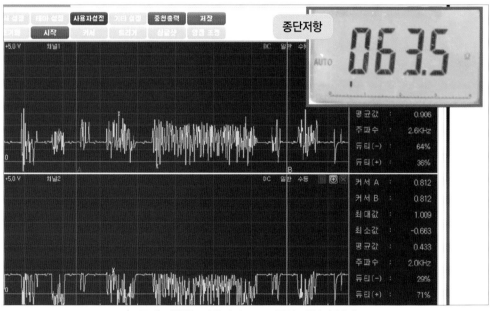

✳ 종단 저항은 정상이나 CAN 통신 파형이 불량

- VGT 단품불량으로 인한 기준전압 문제 발생됨.
- VGT 커넥터 탈거 시 CAN통신파형 정상 출력 및 스캔 통신 가능함.

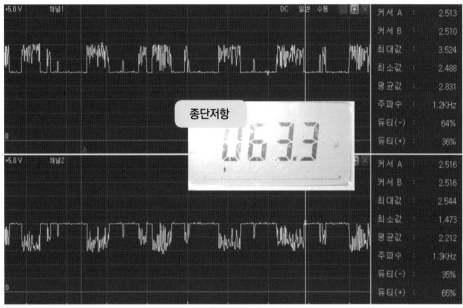

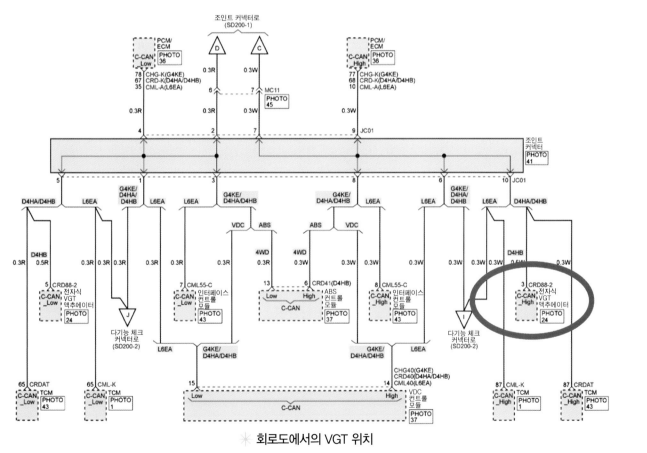

※ VGT 커넥터 탈거 시 정상 파형

※ 회로도에서의 VGT 위치

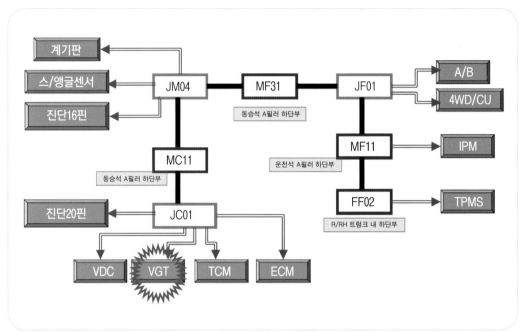

✳ 통신 계통도에서의 고장 위치

❸ 조치

▣ 조치 내용

- VGT 모듈 교환.

사례 3 시동 시 간헐적으로 VDC 램프가 점등

① 진단

- ▣ **차종** : 그랜드 카니발
- ▣ **고장 증상**
  - – 시동 시 간헐적으로 VDC 램프가 점등 됨.
  - – 자기진단 시에 VDC측에서 C1623 조향각 센서 CAN 신호 안나옴으로 출력됨.

고장코드 전체소거	고장상황 데이터	고장코드 정보	고장코드 재검색	현재고장 ⬍	정비 통신
임시/과거코드	임시/과거코드명				상태
C1623	조향각 센서측 CAN 신호 안나옴				과거

※ **조향각 센서의 기능 및 역할**(VDC측 C1623 고장 코드 참고)

　조향각 센서는 클럭 스프링 아래에 장착되어 있으며, 회전 방향을 결정하기 위해 메인 기어, 서브 기어 1과 서브 기어 2로 구성되어 있다. 스티어링 휠의 회전에 따라 메인 기어 가 회전하면 메인 기어에 물려있는 서브 기어 1과 서브 기어 2가 회전하게 된다.

　서브 기어에 있는 마그네틱의 MR 효과(자기장의 방향에 따라 저항값이 변하는 효과)와 서브 기어의 서로 다른 기어비를 이용하여 스티어링 휠의 절대각을 검출한다.

　조향 휠의 조작 속도와 각도를 검출하여 HECU에 CAN 통신으로 입력한다. HECU는 조향각 센서 신호값으로 운전자의 조향의지를 판단하고 VDC 제어를 위한 입력신호로 사용한다.

조향각 센서

조향각 센서는 클럭스프링 아래에 위치

※ 고장코드 설명 및 판정조건

HECU는 정상적인 VDC 제어를 위해 CAN 통신선을 체크하고, 조향각 센서의 메시지
가 일정시간 동안 수신되지 않으면 이 코드를 나타낸다.

✴ 고장 판정 조건

항목	판정 조건	고정 예상 원인
검출 방법	CAN 메시지 모니터링	・ 조향각 센서 결함 ・ 조향각 센서측 CAN LINE 단선 ・ HECU 결함
검출 시기	계속적임	
검출 조건	정상전압 범위 내에서 SAS 메시지가 일정시간 이상 수신되지 않을 경우 (SAS : 조향각 센서-Steering Angle Sensor)	
검출 후 조치 내용	VDC 기능 금지, ABS/EBD 기능 허용 단, VDC 제어 중 VDC 스위치 고장 체크 중단	

❷ 점검

▣ 고장 점검

- VDC 교환, 조향각 센서 교환한 후 점검한 결과 동일 현상 발생
- 기타 접촉 상태를 점검한 결과는 정상으로 확인.

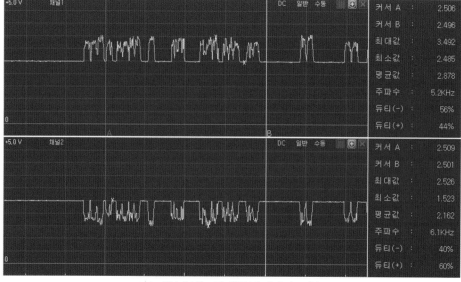

✴ 파형에서는 문제를 발견하지 못함

– 타 시스템 DTC 확인 및 파형 점검, 종단 저항 점검 시 정상으로 확인.

– 트러블 현상 재현 시 CAN 통신 파형으로 점검한 결과 특이점 없어 보임

– 다른 컨트롤측은 DTC가 없음으로 단품이나 전원의 불량으로 판단되어 전원 입력의 상태를 정밀점검 함.

– 트러블 현상을 재현한 상태에서 SAS측에 IG1 전원의 입력이 불량한 것을 확인함.

– 키 스위치 #1 25A의 전원 입력을 점검, 키 세트 점검 중에 버튼 시동장치의 개조로 인한 전원의 입력이 불가한 것을 확인됨

※ 버튼 시동 개조장치 내부에서 전원 출력의 불량이 발생(약 5ms 정도)

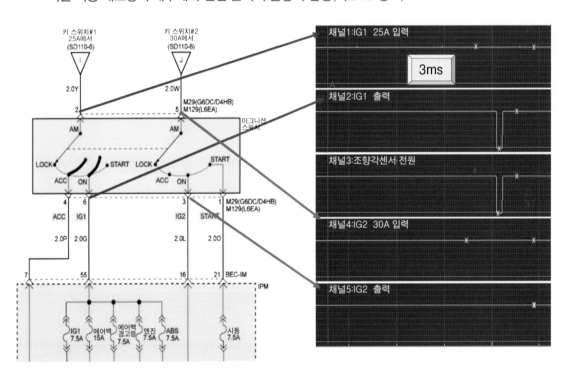

✳ 조향각 센서 전원 입력 확인(1)

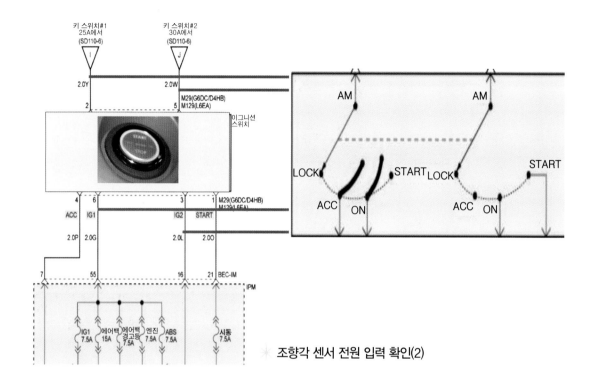

조향각 센서 전원 입력 확인(2)

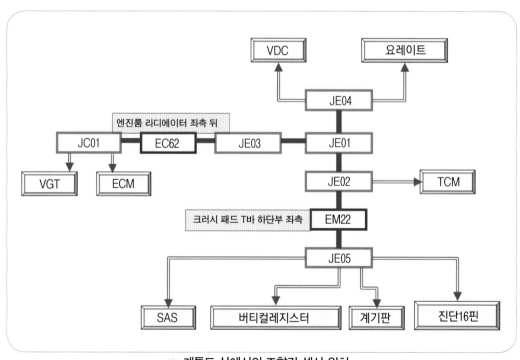

계통도 상에서의 조향각 센서 위치

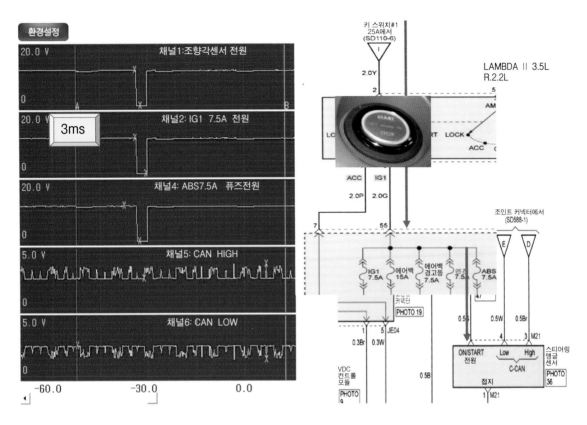

※ 조향각 센서 전원 정상 입력

❸ 조치

▣ 조치내용

- 버튼 시동 개조장치 제거.

. . . .
※ MEMO ···

사례 ❹ 간헐적으로 경고등이 점등 및 주행성능 이상 발생

❶ 진단

▣ **차종** : K9

▣ **고장 증상**

– 간헐적으로 경고등이 점등되고 주행 성능에서 이상이 발생함.

– 경고등 점등 : VDC측(1611, 1612, 1616, 1651), EPB측(1625) AFLS측(1220, 1305)

※ 기능 및 역할 (VDC측 C1616 고장 코드 참고)

엔진 ECU 및 TCU에 TCS의 제어를 위해 CAN 통신을 하는 BUS 라인에 슬립량에 따라 엔진의 토크 저감 요구, Fuel Cut 및 TCS 제어 요구의 신호를 전송한다. 엔진 ECU는 HECU가 요구한 실린더 수만큼 Fuel Cut을 실행하며, 또한 엔진의 토크 저감 요구 신호에 따라 점화시기를 지각한다. TCU는 TCS의 작동 신호에 따라 변속단을 TCS 제어 시간만큼 유지시킨다. 이는 킥 다운에 의한 저속단의 변속으로 가속력이 증가하는 것을 방지하기 위함이다.

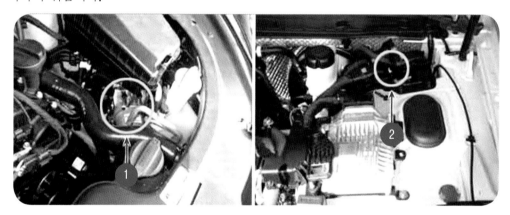

※ 기능 및 역할(EPB, C1625 고장 코드 참고)

EPB(Electric Parking Brake)는 전자식 파킹 브레이크라고 한다. 브레이크 페달 또는 레버로 케이블을 당겨 주차 브레이크를 작동시키는 대신 스위치 조작으로 모터의 구동을 통해 주차 브레이크를 작동시키는 시스템이다. 운전자가 EPB 버튼을 조작 → 버튼 신호가 ECU에 입력 → ECU가 액추에이터를 작동 → 주차 브레이크 체결 · 해제 된다. EPB 스위치를 당겼을 때에는 주차 브레이크가 체결, EPB 스위치를 눌러주면 파킹 브레이크가 해제된다.

❷ 점검

▣ 고장 점검

  − CAN 통신 파형의 찌그러진 형상을 보아서 접촉 불량에 의한 경고등 점등으로 판단 됨

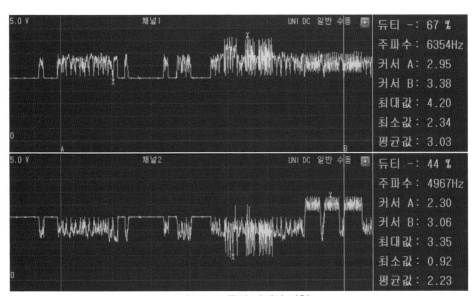

✳ CAN 통신 비정상 파형

〈 CAN 통신 정상 파형 〉

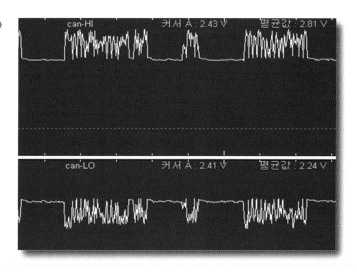

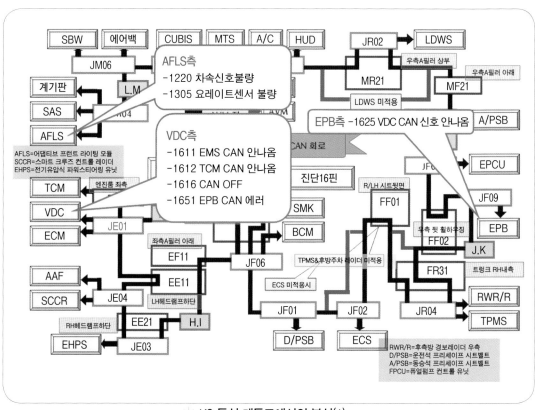

✳ K9 통신 계통도에서의 분석(1)

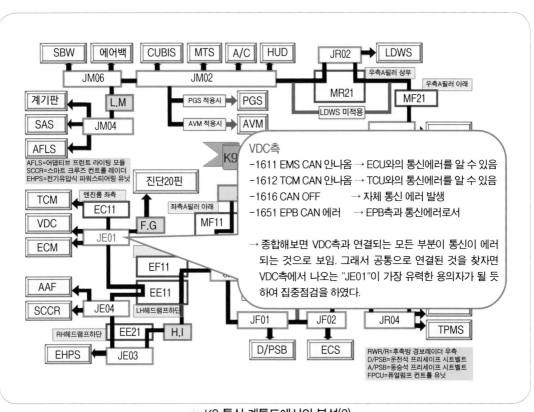

SBW, 에어백, CUBIS, MTS, A/C, HUD, JR02, LDWS
JM06, JM02
계기판, L.M, PGS 적용시, PGS, MR21, 우측A필러 상부, 우측A필러 아래
SAS, JM04, AVM 적용시, AVM, LDWS 미적용, MF21
AFLS

AFLS=어댑티브 프런트 라이팅 모듈
SCCR=스마트 크루즈 컨트롤 레이더
EHPS=전기유압식 파워스티어링 유닛

K9

진단20핀

엔진룸 좌측
TCM, EC11
좌측A필러 아래
VDC, F.G, MF11
ECM, JE01

EF11

AAF, EE11
SCCR, JE04
LH헤드램프하단
RH헤드램프하단, EE21, H.I
EHPS, JE03

JF01, JF02, JR04
D/PSB, ECS, TPMS

RWR/R=후측방 경보레이더 우측
D/PSB=운전석 프리세이프 시트벨트
A/PSB=동승석 프리세이프 시트벨트
FPCU=퓨얼펌프 컨트롤 유닛

VDC측

-1611 EMS CAN 안나옴 → ECU와의 통신에러를 알 수 있음
-1612 TCM CAN 안나옴 → TCU와의 통신에러를 알 수 있음
-1616 CAN OFF   → 자체 통신 에러 발생
-1651 EPB CAN 에러   → EPB측과 통신에러로서

→ 종합해보면 VDC측과 연결되는 모든 부분이 통신이 에러
되는 것으로 보임. 그래서 공통으로 연결된 것을 찾자면
VDC측에서 나오는 "JE01"이 가장 유력한 용의자가 될 듯
하여 집중점검을 하였다.

✳ K9 통신 계통도에서의 분석(2)

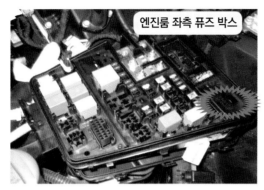

엔진룸 좌측 퓨즈 박스

JE01 문제의 커넥터

뒤쪽으로 핀 밀림이 발생됨 (12번 CAN LOW)

＊ CAN-Low단 하단부로 PIN 밀림

❸ 조치

▣ 조치내용

  − JE01 12번 CAN−Low단 핀 수정.

＊ MEMO ··

사례 ⟨5⟩ 경고등 점등 및 주행성능 이상 2

❶ 진단

- **차종** : 쏘렌토 R
- **고장 증상**
  - VDC측(1611, 1612, 1616, 1651), 엔진측(U0001)

※ **기능 및 역할 (BCM측 C161600 고장 코드 참고)**

　차량이 전자제어화 되면서 차량에 다수의 컨트롤 유닛이 적용되며, 이러한 유닛들은 수많은 센서들에 의해 정보를 입력 받아 각각 제어를 수행하게 된다. 이에 각 컨트롤 유닛 간 늘어나는 센서들의 공용화 및 다양한 정보 공유의 필요성이 대두 되었으며, 스파크 발생에 의한 전기적 외부 노이즈에 강하면서 고속 통신이 가능한 CAN 통신 방식이 차량의 파워트레인(엔진, 자동변속, ABS, TCS, ECS 등) 제어에 사용되고 있다. CAN 통신을 통하여, ECM과 TCM은 엔진 회전수, 액셀러레이터 페달 위치 센서, 변속단, 토크 저감 등의 신호를 공유하여, 차량의 능동적인 제어를 수행한다.

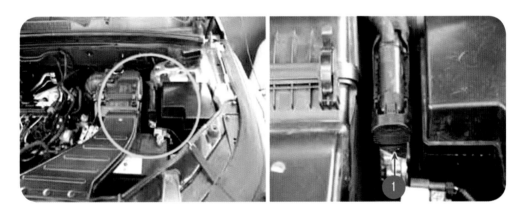

※ **고장 코드 설명 및 판정 조건**

　U0001 코드는 CAN 통신 회로의 단선 혹은 단락으로 인해 CAN 통신선을 통한 신호 전달이 불가능 할 경우 발생하는 고장 코드로 CAN 통신 회로(CAN BUS) 및 ECM, TCM 모듈 단품의 통신 신호 발생 여부를 점검해 보아야 한다.

항목	감지 조건		고장 예상 부위
검출 방법	신호 모니터링		
검출 조건	IG key ON		
판정값	CAN BUS 에러		
검출 시간	300ms		1. CAN 통신선 회로
페일세이프(Fail Safe)	연료 차단	비실행	2. CAN 통신 모듈 단품
	EGR 금지	비실행	
	연료 제한	비실행	
	체크 램프	비점등	

❷ 점검

▣ 고장 점검

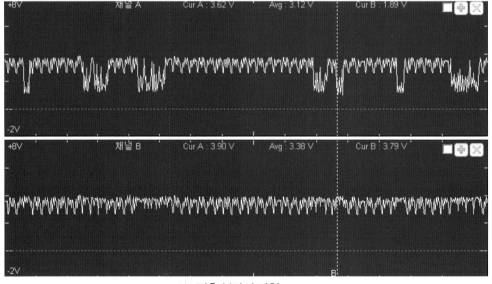

✳ 접촉 불량시 파형

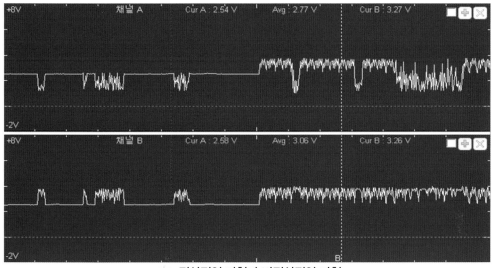

✳ 정상적인 파형과 비정상적인 파형

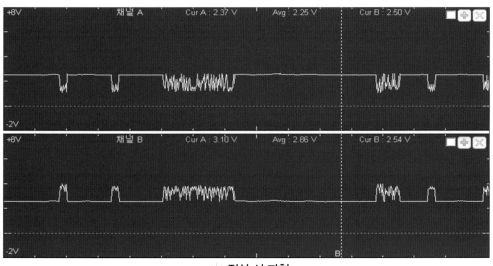

✳ 정상 시 파형

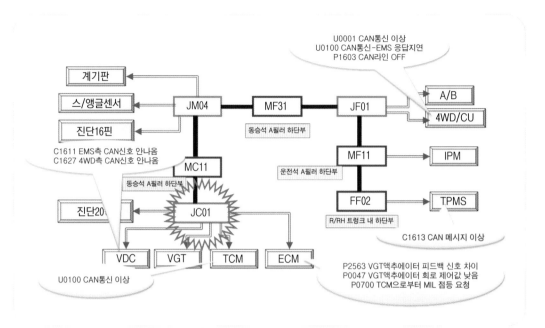

U0001 CAN통신 이상
U0100 CAN통신-EMS 응답지연
P1603 CAN라인 OFF

계기판

스/앵글센서

진단16핀

JM04

MF31

동승석 A필러 하단부

JF01

A/B

4WD/CU

C1611 EMS측 CAN신호 안나옴
C1627 4WD측 CAN신호 안나옴

MC11

동승석 A필러 하단부

MF11

운전석 A필러 하단부

IPM

진단20

JC01

FF02

R/RH 트렁크 내 하단부

TPMS

C1613 CAN 메시지 이상

VDC   VGT   TCM   ECM

U0100 CAN통신 이상

P2563 VGT액추에이터 피드백 신호 차이
P0047 VGT액추에이터 회로 제어값 낮음
P0700 TCM으로부터 MIL 점등 요청

✷ 쏘렌토 R CAN 계통도 분석

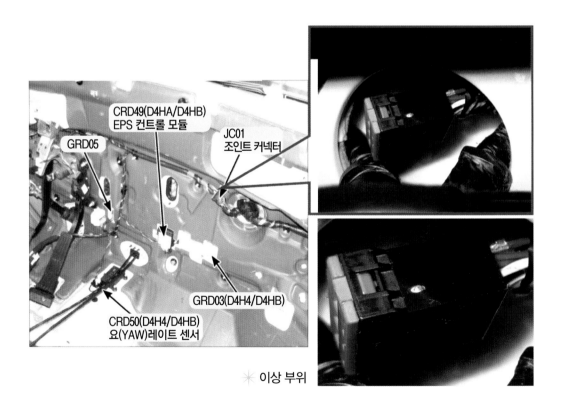

CRD49(D4HA/D4HB)
EPS 컨트롤 모듈

JC01
조인트 커넥터

GRD05

GRD03(D4H4/D4HB)

CRD50(D4H4/D4HB)
요(YAW)레이트 센서

✷ 이상 부위

166

❸ 조치

◙ 조치내용

- JC01 커넥터 핀 불량으로 핀 수정 후 완료함.

....
✳ MEMO ....

❶ 진단

▣ **차종** : K9

▣ **고장 증상**

　– 전 시스템에 DTC 출력되며, 경고등이 점등 됨.

제어장치	고장코드	고장코드명	상태
ENGINE – 엔진제어	U0101	CAN 통신 회로 – TCU 응답 지연 (C-CAN)	과거
ENGINE – 엔진제어	U0001	CAN 통신 이상 (C-CAN)	현재
ENGINE – 엔진제어	U0109	CAN 통신 회로 – FPCM(연료 펌프 제어 모듈) 응답...	현재
AT – 자동변속	U0103	CAN 신호 없음 (E-Shifter) (SBW)	현재
AT – 자동변속	U0001	CAN 통신이상 (CAN BUS OFF)	현재
ESP – 제동제어	C1623	조향각 센서측 CAN 신호 안나옴	현재
ESP – 제동제어	C1651	EPB측 CAN 신호 안나옴	현재
ESP – 제동제어	C1612	TCM측 CAN 신호 안나옴	현재
ESP – 전동파킹브레이크	C1612	TCM측 CAN 신호 안나옴	과거
ESP – 전동파킹브레이크	C1611	EMS측 CAN 신호 안나옴	과거
ESP – 전동파킹브레이크	C1625	ABS/VDC측 CAN 신호 안나옴	과거
ESP – 전동파킹브레이크	C1628	클러스터측 CAN 신호 안나옴	과거
AIRBAG – 에어백(1차충...	B250000	에어백 경고등 고장	
AIRCON – 에어컨		발견된 고장코드가 없습니다.	
AAF – 액티브에어플랩	U0164	FATC-CAN 통신 응답 지연	과거
ESFT – 전자식변속레버		통신실패 / 선택시스템, IG key, DLC를 확인하십시오.	
CRUISE – 차간거리제어		통신실패 / 선택시스템, IG key, DLC를 확인하십시오.	
EPS – 파워스티어링	C1623	조향각 센서측 CAN 신호 안나옴	현재
EPS – 파워스티어링	C1628	클러스터측 CAN 신호 안나옴	현재
BCM – 바디전장제어	C161600	CAN 버스 OFF(C-CAN)	과거
AHLS – 가변조정전조등	B1220	차속 신호 이상	현재
AHLS – 가변조정전조등	B1302	기어박스 CAN 신호이상	현재
AHLS – 가변조정전조등	B1303	엑셀 페달 센서 위치이상	현재
AHLS – 가변조정전조등	B1304	엔진상태 신호 이상	현재
AHLS – 가변조정전조등	B1305	요 레이트 센서 이상	현재
AHLS – 가변조정전조등	B1306	브레이크 페달신호 이상	현재
AHLS – 가변조정전조등	B1308	램프(CLU) 작동신호 이상	현재
AHLS – 가변조정전조등	B1594	멀티펑션 오토 포지션 신호 이상	현재
AHLS – 가변조정전조등	B1595	전방 안개등 신호 이상	현재

※ 기능 및 역할(BCM측 C161600 고장 코드 참고)

　바디 전장 시스템을 구성하는 16개의 유닛은 CAN 통신으로 연결되어 있으며, BCM(Body Control Module) 등이 배치되어 있다. 차량에 장착되어 있는 제어기들은 CAN(B_CAN, MM CAN, C-CAN)이라는 통신 방식으로 서로의 정보를 주고받아 제어를 한다.

　C-CAN 통신은 물리적으로 연결된 2개의 wire(CAN High, CAN Low)를 통해 정보를 전송하며, CAN 통신을 정상적으로 수행하기 위해서 CLU와 EMS ECU(PCM)는 각각 종단 저항 120Ω이 내부에 장착 되어 있다. 이와 같이 정해진 규약에 의해 제어시간 통신을 하던 중 어떤 원인에 의하여 통신이 되지 않을 때 발생하는 DTC(Diagnostics Trouble Code)이다.

※ 고장 코드 설명

차량에 장착되어 있는 제어기들은 C-CAN 통신으로 서로의 정보를 주고받는다. 서로의 정보를 주고받던 도중 어떤 원인에 의해 통신이 불량하거나 정상적인 C-CAN 통신이 이루어지지 않을 경우에 C-CAN 통신의 이상으로 판단하여 상기 DTC를 표출한다.

✳ 고장 코드 설명 및 판정 조건

항목	판정 조건	고장 예상 부위
고장 코드 검출 방식	• C_CAN 통신 상태 확인	1. BCM이 Sleep 상태가 아닌 상태에서 (1) C_CAN High/ Low 라인이 동시에 배터리/접지 쇼트 상태 확인
고장 코드 감지 조건	• BCM 정상적인 배터리 전원이 인가된 상태에서(상시 전원) • TRANSCEIVER의 Tx ERR COUNTER가 255를 초과한 경우 DTC 저장	
고장 코드 검출 조건	• C_CAN High : 전압이 0V검출시 접지쪽 쇼트 되었고 B+V 검출시 배터리 전원이 쇼트되어 발생한 고장 • C_CAN Low : 전압이 0V검출시 접지쪽 쇼트 되었고 B+V 검출시 배터리 전원이 쇼트되어 발생한 고장 • C_CAN High/Low 라인이 동시 접지 쇼트 상태 • C_CAN High/Low 라인이 동시 배터리 쇼트 상태	
고장 코드 검출 시간	• 고장 발생 후 즉시 검출	
고장 코드 소거 시간	• 고장 해결 후 진단장비로 소거	

❷ 점검

▣ 고장 점검

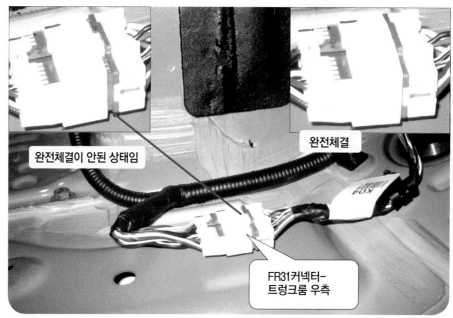

완전체결이 안된 상태임

완전체결

FR31커넥터-
트렁크룸 우측

⁂ 트렁크 룸 안에서 커넥터 체결 불량

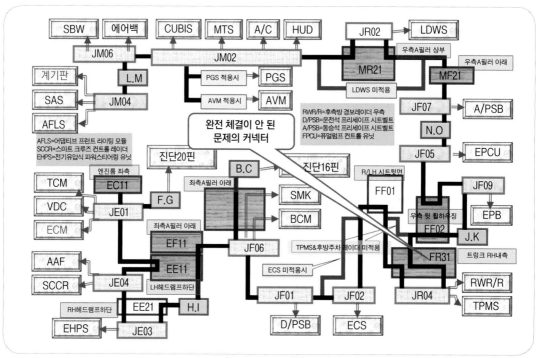

⁂ K9 CAN 계통도 분석

❸ 조치

■ **조치내용**

- 리어 트렁크 룸 RH – FR31 커넥터 완전 체결 불량(리어 범퍼를 탈거하기 위해서는
  이 커넥터를 탈거해야 한다. 범퍼를 장착하는 과정에서 미체결 됨)

＊ ．．．．
MEMO

① 진단

- **차종** : 뉴 쏘렌토 R
- **고장증상**
  - CAN 통신 라인의 전체적인 작동 불량 발생.

```
● 상태 : 고장코드 발견

제어장치                 고장코드   고장코드명                              상태
ENGINE - 엔진제어         P2563    VGT 액추에이터 피드백 신호값이 목표값과 차이거...   과거
ENGINE - 엔진제어         U0001    CAN 통신 이상 (C-CAN)                    과거
ENGINE - 엔진제어         P0700    TCM으로 부터 MIL 점등 요청                  과거
AT - 자동변속            U0100    CAN 통신 이상 (CAN TIME OUT)             과거
VDC - 제동제어           C1612    TCM측 CAN 신호 안나옴                     과거
VDC - 제동제어           C1687    VSM2 (MDPS) CAN 신호 안나옴               과거
VDC - 제동제어           C1623    조향각 센서측 CAN 신호 안나옴                과거
VDC - 제동제어           C1611    EMS측 CAN 신호 안나옴                     과거
AIRBAG - 에어백(1차충...   B250000  에어백 경고등 고장                        과거
AIRCON - 에어컨                   발견된 고장코드가 없습니다.
EPS - 파워스티어링        C1616    CAN 라인 OFF                           과거
4WD - 4륜구동                     통신실패 / 선택시스템, IG key, DLC를 확인하십시오.
BCM - 바디전장제어                 발견된 고장코드가 없습니다.
IMMO - 이모빌라이저                -- 코드별진단을 지원하지 않습니다 --
PIC - 스마트키유닛                 발견된 고장코드가 없습니다.
AHLS - 오토헤드램프레...            발견된 고장코드가 없습니다.
SPAS - 자동주차시스템              통신실패 / 선택시스템, IG key, DLC를 확인하십시오.
BSD - 블라인드스팟디...            통신실패 / 선택시스템, IG key, DLC를 확인하십시오.
LDWS - 차선이탈경보               통신실패 / 선택시스템, IG key, DLC를 확인하십시오.
CUBIS - CUBIS-T                  발견된 고장코드가 없습니다.
TPMS - 타이어압력모...             통신실패 / 선택시스템, IG key, DLC를 확인하십시오.
CODE - 트랜스미터코...             -- 코드별진단을 지원하지 않습니다 --
```

※ **기능 및 역할 (ECM측 P2563 고장 코드 참고)**

　가변 용량제어 터보차저(VGT ; Variable Geometric Turbocharger)는 VGT 액추에이터를 이용하여 배기가스 유로를 효율적으로 정밀하게 제어함으로써 저속 및 중·고속 전 영역에서 최적의 동력성능을 발휘하는 터보차저의 한 종류이다.

　VGT는 저속영역에서는 배기통로를 축소하여 유속을 빠르게 함으로써 터보 래그(Turbo lag)의 현상을 완화시킨다. 고속영역에서는 배기유량을 최대화하고 배압을 감소시켜 엔진 출력을 향상시킨다.

　R 엔진에 적용된 전자식 VGT는 VGT 액추에이터 제어 유닛과 DC 모터를 내장한 전자식 액추에이터에 의해 작동된다. ECM은 과급상태를 최적으로 제어하기 위해 엔진 회전수, APS 신호, MAFS 및 부스트 압력 센서의 정보를 입력받아 VGT 액추에이터 제어 유닛에 듀티 제어 신호를 출력한다.

이 신호를 받은 VGT 액추에이터 제어 유닛이 DC 모터를 작동하면 스퍼 기어 → 외부 크랭크 → 내부 크랭크 → 메인 링크 → 유니슨 링 → 내부 베인(날개)을 움직여 베인을 통과하는 배기가스의 단면적을 크게 하거나 작아지도록 한다. VGT 액추에이터 제어 유닛은 터보차저 위치 센서로부터 액추에이터 위치를 피드백 받아 액추에이터의 고장여부를 판단한다. 고장을 검출하면 ECM에 고장의 발생을 알린다. 전자식 액추에이터는 진공식보다 작동 응답이 빠르고 제어 안정성이 높다.

✳ 고장 코드 설명 및 판정 조건

항목	감지 조건		고장 예상 부위
검출 방법	• 신호 모니터링		
검출 조건	• 엔진 구동 중		
판정값	• PWM 신호 이상		1. VGT 액추에이터 작동 불량
검출 시간	• 25초		2. 터보차저
페일세이프(Fail Safe)	연료 차단	비실행	3. ECM
	EGR 금지	실행	
	연료 제한	비실행	
	체크 램프	점등	

② 점검

▣ 고장 점검

- CAN 통신 파형 점검

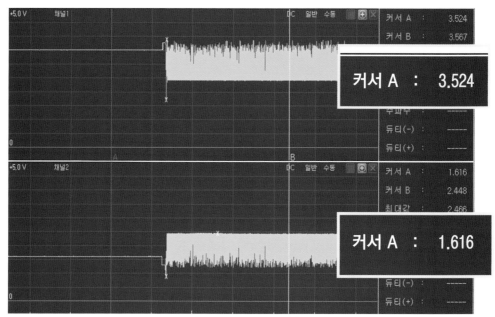

✳ CAN 통신 파형(1)

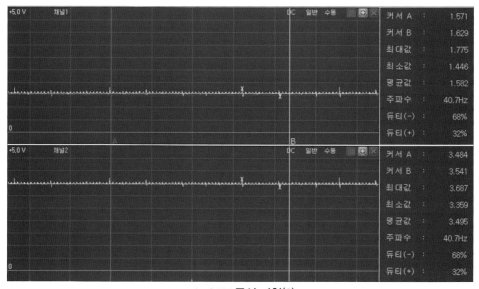

✳ CAN 통신 파형(2)

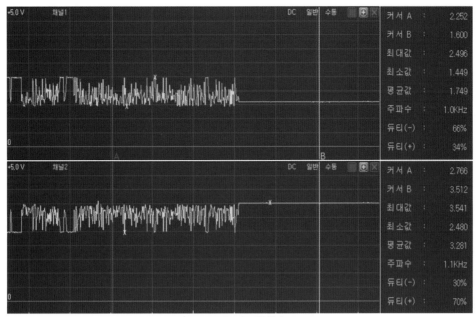

+5.0 V	채널1	DC	일반 수동	커 서 A : 2.252
				커 서 B : 1.600
				최 대 값 : 2.496
				최 소 값 : 1.449
				평 균 값 : 1.749
				주 파 수 : 1.0KHz
				듀 티(−) : 66%
				듀 티(+) : 34%
+5.0 V	채널2	DC	일반 수동	커 서 A : 2.766
				커 서 B : 3.512
				최 대 값 : 3.541
				최 소 값 : 2.480
				평 균 값 : 3.281
				주 파 수 : 1.1KHz
				듀 티(−) : 30%
				듀 티(+) : 70%

✳ CAN 통신 파형(3)

고장 현황 설명

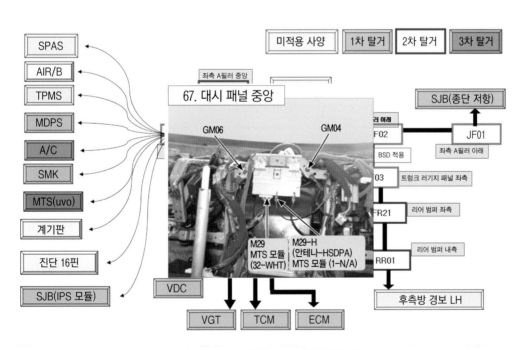

✳ 뉴 쏘렌토 R 계통도 고장 현황 설명

❸ 조치

▣ 조치 내용

– MTS(UVO) 단말기 자체 불량으로 교환한 후 완료.

✳ MEMO ···

사례 ⟨8⟩ 스마트키로 전원 이동은 가능하나, 스타팅 안됨

① 진단

■ **차종** : K5

■ **고장 증상**

　– 스마트 키(SMK)로 전원 이동은 가능하나 스타터 구동 안됨

　– C_CAN을 사용하는 모든 시스템의 통신 불량이 발생 됨.

② 점검

■ **고장 점검**

　– C_CAN 통신 파형을 확인시 파형의 출력이 불가 및 기준 전압이 2.5V가 아닌 9~6V
　　로 변화 됨.

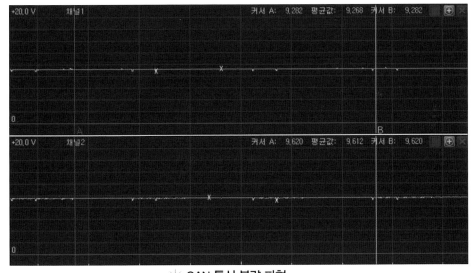

※ **CAN 통신 불량 파형**

　– AIR BAG UNIT 내부의 문제로 CAN 통신의 에러를 발생시켜 AIR BAG UNIT의 커
　　넥터를 탈거한 경우 정상 파형으로 출력됨

③ 조치

■ **조치내용**

　– AIR BAG UNIT 교환

① 진단

▣ **차종** : 모하비

▣ **고장 증상**

- VDC 관련 경고등 및 통신 불량 상태.

② 점검

▣ **고장 점검**

- CAN 통신 파형의 불량을 확인하고, VDC 경고등이므로 VDC 접지부분을 확인 중 볼트 조임의 불량을 확인 함.

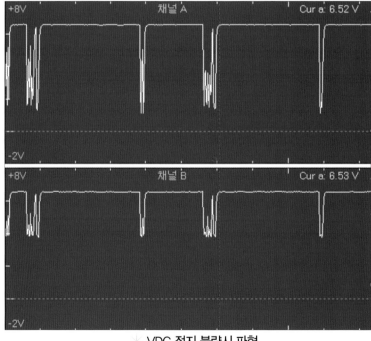

✳ VDC 접지 불량시 파형

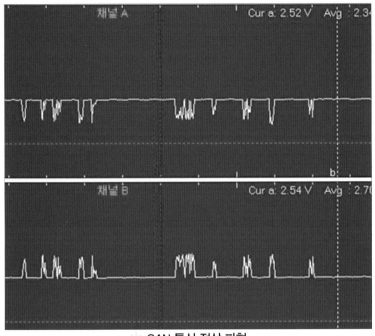

✳ CAN 통신 정상 파형

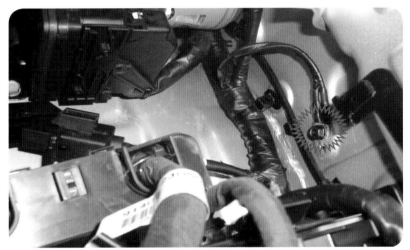

✳ GE06 ABS 접지선 불량 부위

❸ 조치

■ 조치 내용

　－ GE06 ABS 접지 볼트를 재조임한 후 정상적으로 통신되고 작동 됨.

사례 ⑩ 통신 불량으로 각종 경고등 점등

① 진단

■ **차종** : K7

■ **고장 증상**

 – 입고 당시 클러스터의 RPM이 상하 유동이 발생하고 VDC, 엔진 경고등이 점등됨

 – 정상적인 시동 및 주행은 가능함.

 – 에어컨 작동 불량, 통풍 시트 작동 불량, 변속 충격 과다 발생 등

② 점검

■ **고장 점검**

 – CAN 통신 파형으로 점검

 – C_CAN 통신 파형 점검시 기준 전압이 높게 출력되어 단품 불량으로 추정 함.

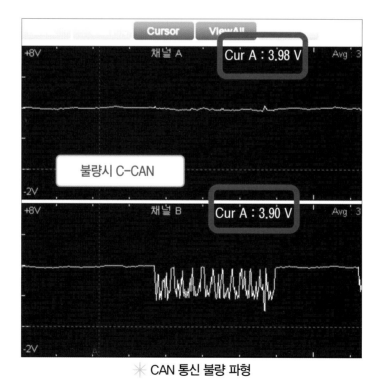

✳ CAN 통신 불량 파형

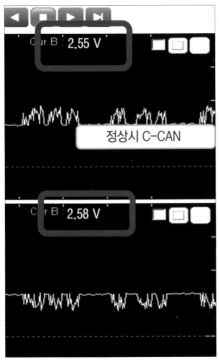

정상시 C-CAN

✳ CAN 통신 정상 파형

✳ 고장 원인 부품

❸ 조치

▣ 조치 내용
- 추가로 장착한 블랙박스의 오류로 저전압 차단장치 제거.

❹ 포인트

※ 신차출고 시 발생 된 문제
Q : 각종 경고등이 점등되는 경우에는 조립시 조립 불량으로 추정.
A : 배터리 조립 상태, 각종 접지선 조립 상태, 각종 커넥터 조립 상태 등은 정상.

※ 애프터 마켓 제품 장착 문제
Q : 선팅 장착 후 발생되는 문제
A : A필러 하단부 좌우 물 유입상태 점검, 클러쉬 패드 내부 물 유입상태 점검

Q : 블랙박스 장착 후 발생되는 문제
A : 블랙박스 전원 상시 결선시 배터리 과방전 및 슬립모드 진입불가 현상

사례 ⟨11⟩ VDC측, 변속기, 에어백, EPS, 엔진 경고등 점등

① 진단

▣ **차종** : 모닝(TA)

▣ **고장 증상**

 - VDC측, 변속기, 에어백, EPS, 엔진 경고등 점등

상태: 고장코드 발견			
제어장치	고장코드	고장코드명	상태
ENGINE - 엔진제어	U0001	CAN 통신 이상 (C-CAN)	임시
AT - 자동변속	U0001	CAN 통신 이상 (C-CAN)	과거
ABSVDC - 제동제어	C1616	CAN 라인 OFF	과거
AIRBAG - 에어백(1차충…	B250000	에어백 경고등 고장	과거
AIRCON - 에어컨		통신 응답없음 / 시스템장착유무 IG KEY IN C를 확	
EPS - 파워스티어링	C1616	CAN 버스 OFF(C-CAN)	현재
BCM - 바디신성제어		발견된 고장코드가 없습니다.	
PIC - 스마트키유닛		발견된 고장코드가 없습니다.	
CODE - 트랜스미터코…		-- 고장코드 진단을 지원하지 않는 시스템입니다. --	

※ 기능 및 역할 (ECM측 U0001 고장코드 참고)

 차량이 전자제어화 되면서 차량에 여러 개의 컨트롤 유닛들이 적용되며, 이러한 유닛들은 수많은 센서들에 의해 정보를 입력받아 각각 제어를 수행하게 된다. 이에 각 컨트롤 유닛 간 늘어나는 센서들의 공용화 및 다양한 정보 공유의 필요성이 대두 되었으며, 스파크 발생에 의한 전기적 외부 노이즈에 강하면서 고속 통신이 가능한 CAN 통신 방식이 차량의 파워트레인(ESP, ABS, ECS 등) 제어에 사용하게 되었다. CAN 통신을 통하여 ESP, ABS, 모듈은 엔진 회전수, 액셀러레이터 포지션 센서, 변속단, 토크 저감 등의 신호를 공유하여, 능동적인 제어를 수행한다.

ECM

※ 고장 코드 설명 및 판정 조건

　　ECM은 CAN 통신선에 의해 통신이 불가능할 때 CAN 통신의 고장을 판정하여 DTC U0001을 표출한다.

항목	판정 조건	고장 예상 부위
진단 방법	• CAN 통신 이상	1. 커넥터 상태 점검 2. 회로 단락 3. ECM 4. ABS(VDC) 모듈 5. ESP 모듈 6. 계기판
진단 조건	• IG ON	
고장 판정	• CAN 라인을 통한 신호 전달이 없는 경우	
진단 시간	• 연속적인 검사	
경고등 점등 조건	• 2회의 주행 사이클	

❷ 점검

▣ 고장 점검

　– 정상적인 파형이 나오다가 주행 중 간헐적인 이상 파형이 발생 됨.

　– 0V로 떨어지는 것으로 보아 CAN 통신단 차체 간섭(단락)으로 판단 함.

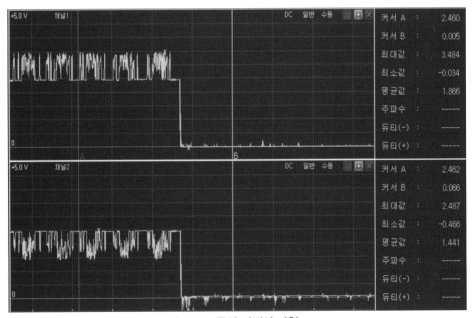

✳ CAN 통신 비정상 파형

　– 에어백으로 오는 CAN High의 와이어링에서 간섭이 발생되는 것을 확인함.

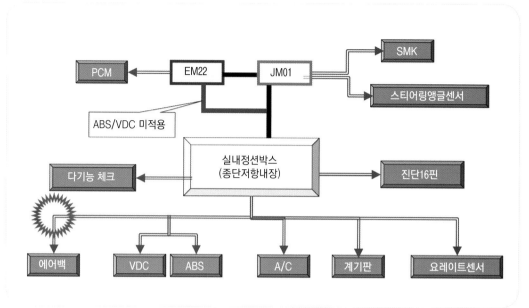

✳ TA CAN 계통도 분석

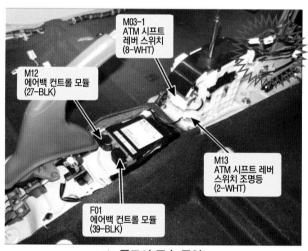

✳ 플로어 콘솔 중앙

－ 에어백으로 경유하는 통신선이 크러쉬 패드 프레임과 간섭이 발생됨으로 통신단이 차체와 단락되어 고장 코드가 발생 됨.

❸ 조치

▣ 조치 내용

－ 프레임과 간섭되는 CAN High의 와이어링 배선라인 수정.

※ 참고 ❶

⟨ CAN 통신 라인 쇼트 발생 시 사항 ⟩

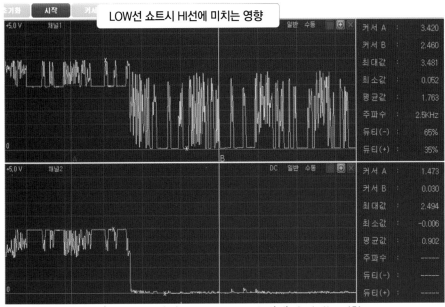

※ Low 라인(하) 쇼트 시 High 라인(상)에 미치는 영향

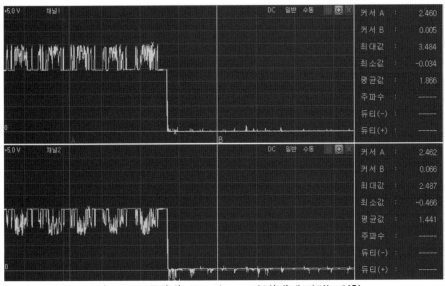

※ High 라인(상) 쇼트 시 Low 라인(하)에 미치는 영향

즉, High 라인의 쇼트 시에 Low 라인까지 간섭 파형이 발생된다. 또한, Low 라인의 쇼트 시에는 High 라인은 간섭 파형이 발생되지 않는 것을 알 수 있다.

– 모닝(SA) 차량의 경우 ABS 미적용 차량은 엔진 PCM으로만 연결되고 종단 저항도 1개만 설치가 됨으로 CAN 라인의 저항은 125Ω이 측정되는 것이 정상이다.
– 종단 저항은 년식에 따른 차이가 있으므로 점검 시 주의 요망.

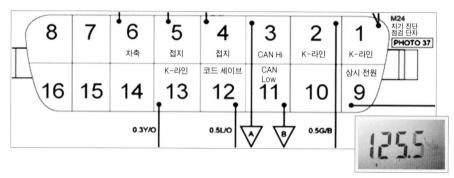

자기 진단 점검 단자 회로 (2)

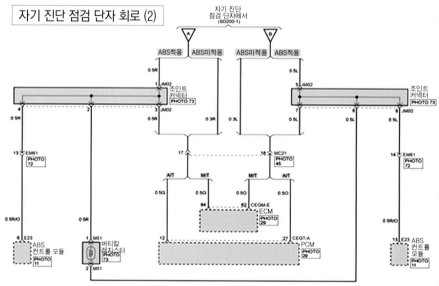

사례 ⟨12⟩ 각종 경고등 및 통신 불량 발생

① 진단

▣ **차종** : K7

- LDWS 커넥터 핀 상태 전체 점검 중 접지단 텐션 고장 증상
- 스캔 툴 진단 시 엔진과 제동장치의 통신이 되지 않음.

제어장치	고장코드	고장코드명	상태
⦿ 상태: 고장코드 발견			
ENGINE - 엔진제어		고장코드 검색이 정상적으로 수행되지 않았습니다.	
AT - 자동변속	U0001	CAN 통신이상 (CAN BUS OFF)	과거
VDC - 제동제어		고장코드 검색이 정상적으로 수행되지 않았습니다.	
AIRBAG - 에어백(1차충...		발견된 고장코드가 없습니다.	
AIRCON - 에어컨	B1672	냉매압력센서(APT)이상 - CAN Signal	현재
AIRCON - 에어컨	B1685	엔진 RPM 이상 - CAN Signal	현재
AIRCON - 에어컨	B1687	냉각 수온 센서(ECTS) 회로 이상	현재
EPS - 파워스티어링		발견된 고장코드가 없습니다.	
ECS - 전자제어현가장치		통신응답없음 / 시스템장착유무, IG KEY, DLC를 확...	
BCM - 스티어링컬럼모듈		발견된 고장코드가 없습니다.(0)	
BCM - 클러스터모듈		발견된 고장코드가 없습니다.(0)	
BCM - 파워시트모듈		발견된 고장코드가 없습니다.(0)	
BCM - 운전석도어모듈		발견된 고장코드가 없습니다.(0)	
BCM - 조수석도어모듈		발견된 고장코드가 없습니다.(0)	
BCM - 바디전장제어		발견된 고장코드가 없습니다.	
IMMO - 이모빌라이저		-- 고장코드 진단을 지원하지 않는 시스템입니다. --	
PIC - 전원분배모듈		발견된 고장코드가 없습니다.(0)	
PIC - 스마트키유닛		발견된 고장코드가 없습니다.	
PIC - 스마트키등록		-- 고장코드 진단을 지원하지 않는 시스템입니다. --	
AHLS - 헤드램프레벨링		발견된 고장코드가 없습니다.	
LDWS - 차선이탈경보		통신응답없음 / 시스템장착유무, IG KEY, DLC를 확...	
CUBIS - 큐비스		통신응답없음 / 시스템장착유무, IG KEY, DLC를 확...	

※ **기능 및 역할 (TCM측 U0001 고장코드 참고)**

배기가스 저감 및 편의·안전성 증진을 위한 차량의 전자제어화에는 최적의 제어를 위한 각 시스템별 컨트롤 유닛과 각각의 제어에 필요한 여러 종류의 정보가 요구된다. 이에 따라 각각의 컨트롤 유닛의 제어에 필요한 다양한 센서들의 공용화가 필요하며, 이를 위해 전기적 노이즈에 강하면서 고속 통신이 가능한 CAN(Control Area Network) 통신 방식이 차량의 파워트레인(엔진 및 자동변속) 및 다른 컨트롤 유닛(ABS, TCS, ESP, ECS 또는 4WD 등)의 효율적인 정보의 공유를 위하여 사용된다. CAN 통신을 통하여 각각의 컨트롤 유닛들은 중요한 신호(엔진 회전수, 냉각 수온 또는 스로틀 개도 등)를 상호 공유하여 효율적이며, 최적의 제어를 수행하게 된다.

※ 고장 코드 설명 및 판정 조건

PCM은 통신 라인에 응답이 없거나 잘못된 메시지가 전송되어질 경우 U0001을 표출한다.

항목	판정 조건	고장 예상 원인
진단 방법	• 메시지 전송 감시	
진단 조건	• IG ON으로부터 0.5초 경과 후 • 배터리 전압 〉10V • 입력축 속도 센서 〉400RPM	1. CAN 라인의 단선 또는 단락 2. PCM
고장 판정	• CAN을 통한 메시지 전송 에러	
진단 시간	• 1 sec 이상	
경고등 점등 조건	• 엔진 회전속도 : 3000RPM • 스로틀 밸브 개도 : 50% • 엔진 토크 : Max' 0.7 • BUS OFF 발생시 TIME OUT 발생금지	

❷ 점검

■ 고장 점검

- CAN 파형 측정 시 비정상 파형 확인됨.

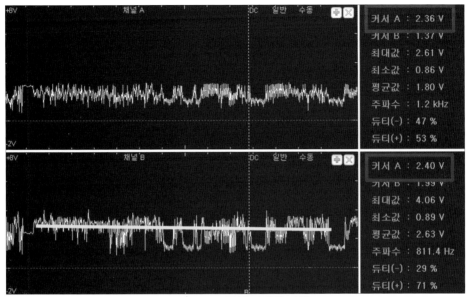

✳ CAN 통신 비정상 파형

- 기준 전압은 2.5V 부근이므로 컨트롤러들은 정상적으로 판단.
- 기준 전압을 중심으로 위/아래로 파형이 나오면서 찌그러지는 것으로 보아서 접촉 불량으로 추정됨

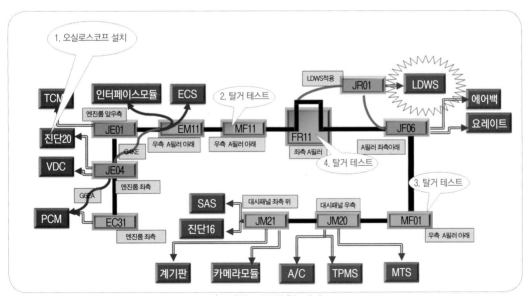

✳ 계통도를 통한 점검

– 간헐적으로 발생되는 접촉 불량으로 추정하고 다음 내용들을 점검 하였다.

– 20핀 진단 커넥터에서 파형을 측정

– MF11(우측 A필러 하단) 커넥터 탈거 시 정상 CAN 통신 파형 표출.

– 재장착하고 MF01 커넥터(우측 A필러 하단) 탈거 시 동일한 증상 발생.

– FR11(A필러 중앙) 탈거 시 정상 파형이 출력됨으로 JR01 커넥터를 점검함.

– LDWS 커넥터 탈거 시 정상 파형이 출력됨으로 LDWS 커넥터의 핀 상태 전체를 점검
하던 중 접지단의 텐션 헐거움 확인.

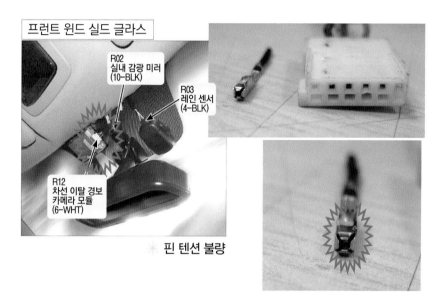

프런트 윈드 실드 글라스

R02
실내 감광 미러
(10-BLK)

R03
레인 센서
(4-BLK)

R12
차선 이탈 경보
카메라 모듈
(6-WHT)

✳ 핀 텐션 불량

– LDWS 접지단의 텐션이 탄성력 불량으로 정상적인 LDWS 구동이 이루어지지 않아
CAN 통신단에서 에러가 발생된 것으로 추정됨.

❸ 조치

▣ 조치 내용

– LDWS 커넥터 핀 텐션 수정.

✳ MEMO ···

사례 ⟨13⟩ 주행 중 계기판에 각종 경고등 점등 및 주행 불능 상태

① 진단

- **차종** : K5 HEV
- **고장 증상**
  - CAN 통신 관련 고장 코드가 다수 출력 되었다.
  - 확인 시 과거의 고장과 현재의 고장으로 나누어짐.

제어장치	고장코드	고장코드명	상태
ENGINE - 엔진제어	U0111	CAN 통신 회로 - BMS 응답 지연 (C-CAN)	현재
AT - 자동변속		발견된 고장코드가 없습니다.	
VDC - 제동제어		발견된 고장코드가 없습니다.	
AHB - 유압부스터		발견된 고장코드가 없습니다.	
AIRBAG - 에어백(1차충...		발견된 고장코드가 없습니다.	
AIRCON - 에어컨		통신응답없음 / 시스템장착유무, IG KEY, DLC를 확...	
HCU - 하이브리드제어		발견된 고장코드가 없습니다.	
MCU - 모터제어		발견된 고장코드가 없습니다.	
BMS - 배터리제어		통신응답없음 / 시스템장착유무, IG KEY, DLC를 확...	
LDC - 직류변환기		발견된 고장코드가 없습니다.	
AAF - 액티브에어플랩	U0001	CAN 통신 이상 (C-CAN)	과거
AAF - 액티브에어플랩	U0100	CAN 통신 회로 - EMS 응답 지연 (C-CAN)	과거
AAF - 액티브에어플랩	U0293	CAN 통신 회로 - HCU/VCU 응답 지연(C-CAN)	과거
AAF - 액티브에어플랩	U0164	FATC-CAN 통신 응답 지연	현재
AAF - 액티브에어플랩	U0110	CAN 통신 회로 - MCU 응답 지연 (C-CAN)	과거
AAF - 액티브에어플랩	U0101	CAN 통신 회로 - TCU 응답 지연	과거
AAF - 액티브에어플랩	U0298	CAN 통신 회로 - DC컨버터모듈 응답 지연	과거
EPS - 파워스티어링		발견된 고장코드가 없습니다.	
BCM - 클러스터 모듈		발견된 고장코드가 없습니다.(0)	
BCM - 파워시트모듈		발견된 고장코드가 없습니다.(0)	
BCM - 스마트정션박스		발견된 고장코드가 없습니다.(0)	

※ **기능 및 역할 (ECM측 U0111 고장 코드 참고)**

　　CAN 통신은 각각의 제어 모듈(MCU, LDC, HCU, VDC,....)들이 상호 정보 내용을 교류할 수 있도록 Low선, High 통신선과 120Ω 의 저항 2개(PCM, BMS 내에 각각 장착)로 이루어져 있는 회로이다.

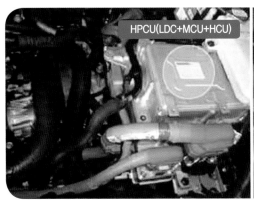

PCU는 BMS로부터 데이터를 받지 못하였을 경우 이 고장 코드를 발생시킨다.

항목		판정 조건	고장 예상 원인
진단 방법		• CAN 신호 모니터링	
진단 조건		• IG key ON 상태 • 보조 배터리 전압(9~16V) • HCU READY ON	
판정값		• BMS로부터 데이터를 받지 못하는 경우가 2초 이상시	1. CAN 배선 단선 2. BMS 시스템
페일세이프		• 엔진 주행(전장 부하 사용금지)	
DTC DTC	DTC 확정	• 최초 고장 판정 후 2 Driving cycle 동안 고장 지속시 DTC 기억	
	DTC 소거	• 정상값 회복 이후 40 WUC cycle 지속시 DTC 지워짐	
서비스 램프	램프 점등	• 고장 판정 즉시	
	램프 소등	• 고장 해제 즉시	

※ 기능 및 역할 (AAF측 U0001 고장코드 참고)

CAN 통신은 각각의 유닛(HCU, ECU, MCU, BMS, ESC, FATC, CLUSTER)들이 상호 정보 내용을 교류할 수 있도록 Low선, High 통신선과 120 Ω 의 저항 2개(ECU와 BMS 내에 각각 장착)로 이루어져 있는 회로이다. A.A.F(=Active Air Flap) Actuator(제어기)는 각각의 유닛과 정보를 교류하여 엔진 또는 모터 등을 제어한다.

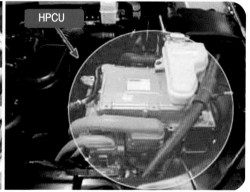

※ 고장 코드 설명

CAN 통신선의 단선/단락으로 A.A.F(=Active Air Flap) Actuator로 CAN 메시지가 정상적으로 수신 또는 송신되지 않을 경우 U0001 고장 코드를 발생시킨다.

항목	판정 조건	고장 예상 원인
진단 방법	• CAN 메시지 신호 확인	1. 각 통신 모듈 커넥터 체결 불량 2, CAN 통신선 단선/단락 3. 각 통신 모듈 단품 고장
진단 조건	• IG key ON 또는 엔진 ON	
고장 판정	• CAN 메시지 수신 신호가 없을 때	
진단 시간	• 0.5초	

❷ 점검

■ 고장 점검

- CAN 통신 파형 점검 시 비정상 파형이 측정됨.

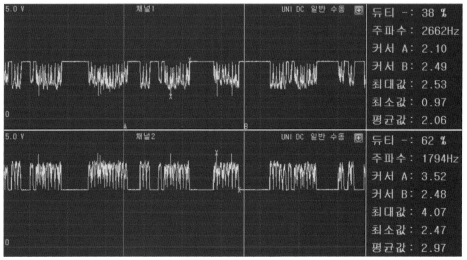

＊ CAN 통신 정상 파형

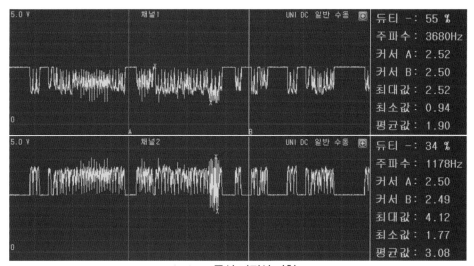

＊ CAN 통신 비정상 파형

- 파형을 체크하다 보니 정상적일 경우에는 정상적으로 나오나 비정상적일 경우에는 파형이 깨져서 현재의 고장 및 과거의 고장이 발생됨

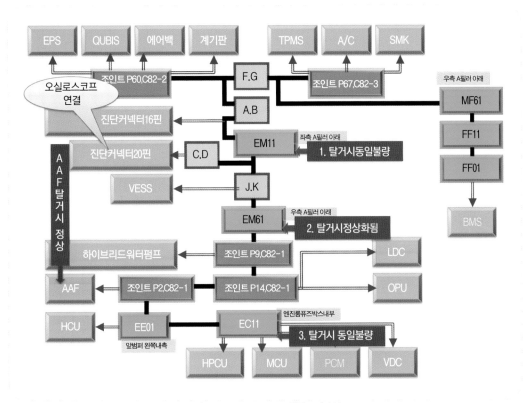

✳ K5 HEV CAN 계통도 분석

- 파형의 형태로 보아 접촉의 불량이 의심되어 각종 커넥터를 점검 하였으나 원인의 파악이 안 됨
- 우선적으로 현재의 고장을 위주로 단품을 점검함.
- AAF 커넥터를 탈거하니 정상적인 CAN 통신 파형이 출력됨.

❸ 조치

▣ 조치 내용

- 배터리를 탈거한 후 리셋 하였으나 동일한 증상이 발생되어서 AAF를 교환 조치함.

✳ MEMO ···

① 진단

▣ **차종** : 소울

▣ **고장 증상**

　– 브레이크 경고등이 점등되고 각종 CAN 통신의 불량이 발생됨.

② 점검

▣ **고장 점검**

　– CAN 통신 파형을 측정하니 비정상 파형이 출력됨.

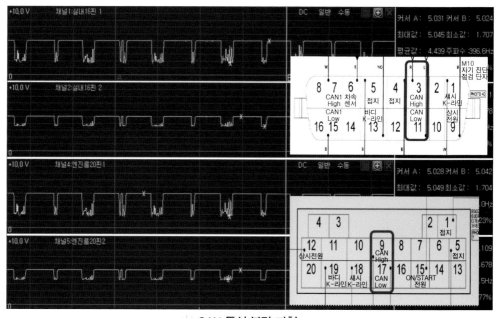

✳ CAN 통신 불량 파형

　– 실내 16핀과 엔진룸 20핀 단자에서 파형 체크 시 기준 전압 5V로서 불량 파형이 발생 됨

　– 기준 전압 5V로 불량 파형이 출력되어 단품 불량으로 추정.

　– ECU, VDC, EPS, 에어백 유닛, IP–MB 커넥터 탈거 중 기준 전압이 정상화 됨.

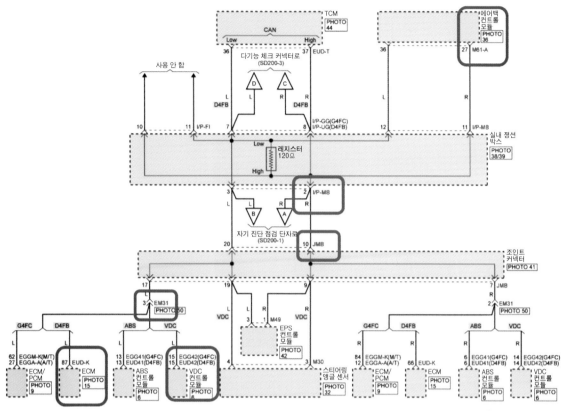

※ 회로도 상의 점검 부위

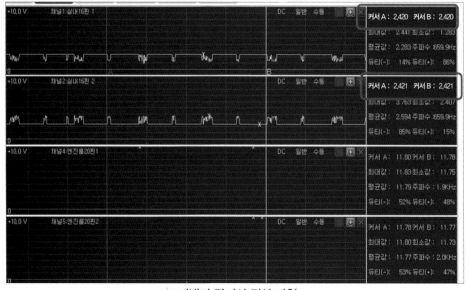

※ 커넥터 탈거시 정상 파형

- IP-MB 커넥터를 탈거 하였을 때 기준 전압으로 정상화 됨
- IP-MB 커넥터를 탈거 하였을 때 기준 전압으로 정상화되어 IPM 불량으로 추정하고 탈거한 후 종단 저항을 점검 하였으나 정상적임.
- IPM 단품 내부의 CAN 통신 회로 트랜시버(transceiver) 문제로 추정됨.

✳ IPM과 종단 저항

❸ 조치

▣ 조치 내용
- IPM 교환 조치함

. . . .
✳ MEMO ···

사례 ⑮ 통신 불량으로 각종 경고등 점등

① 진단

- **차종 :** 쏘렌토(UM)
- **고장 증상**
  - 주행 중 간헐적으로 울컥거림 현상이 나타난 후에 클러스터에 각종 경고등이 점등되는 현상 발생.

- **고장 코드**

VDC - 제동제어	C160508	CAN 하드웨어 이상	과거
VDC - 제동제어	C161608	CAN 버스 OFF(C-CAN)	과거
EPB - 전동파킹브레이크		통신응답없음 / 시스템장착유무, IG KEY, DLC를 확...	
AIRBAG - 에어백(1차충...	B250000	에어백 경고등 고장	과거
4WD - 4휸구동	U0126	스티어링 앵글센서 이상	현재
AHS - 액티브후드시스템	B2594	AHS 경고등 이상	과거
AHS - 액티브후드시스템	B2594	AHS 경고등 이상	과거
CGW - 센트럴게이트웨이	C162800	클러스터측 CAN 신호 안나옴	현재
CGW - 센트럴게이트웨이	C168700	MDPS CAN 신호 안나옴	현재
CGW - 센트럴게이트웨이	C165900	조향각센서(SAS)측 CAN신호 안 나옴	현재
CGW - 센트럴게이트웨이	C181900	TPMS CAN 신호 안나옴	현재

※ **기능 및 역할 (CGW측 C162800 고장 코드 참고)**

　배기가스 저감 및 편의/안전성의 증진을 위한 차량의 전자제어화에는 최적의 제어를 위한 각 시스템별 컨트롤 유닛과 각각의 제어에 필요한 여러 종류의 정보가 요구된다. 이에 따라 각각의 컨트롤 유닛 제어에 필요한 다양한 센서들의 공용화가 필요하며, 이를 위해 전기적 노이즈에 강하면서 고속 통신이 가능한 CAN(Control Area Network)통신 방식이 차량의 파워 트레인(엔진 및 자동변속) 및 다른 컨트롤 유닛(ABS, TCS, ESP, ECS 또는 4WD 등)의 효율적인 정보 공유를 위하여 사용된다. CAN 통신을 통하여 각각의 컨트롤 유닛들은 중요 신호(엔진 회전수, 냉각 수온 또는 스로틀 개도 등)를 상호 공유하여 효율적이며, 최적의 제어를 수행하게 된다.

※ **고장 코드 설명 및 판정 조건**

　　IGPM은 CLU CAN 메시지가 일정시간 감지되지 않을 경우 DTC C162800을 표출한다.

항목	판정 조건	고장 예상 원인
진단 방법	• CAN 신호 모니터링	1. 커넥터 접촉 불량 2. IGPM과 클러스터 사이 CAN 라인 단선 3. 클러스터 이상
진단 조건	• 점화 스위치 ON • 해당 네트워크 BUS 메시지 미발생 상태인 경우	
고장 코드 발생 기준값	• CLU CAN 메시지 미수신	
판정 시간	• 10초	

❷ 점검

▣ 점검 내용

- IGPM에서 통신 파형을 체크(C–CAN 통신)

  * IGPM : Intergrated Gateway Power Control Module – SJB와 Gateway를 합한 기능

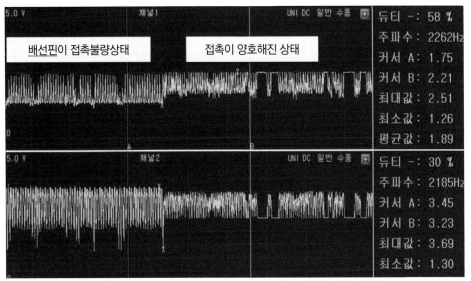

✳ IGPM에서 통신 파형을 점검 – 접촉 불량에 의한 파형

- MF11 커넥터를 흔들 경우 파형의 변화를 확인함.
- C–CAN High단 PIN의 텐션 불량으로 위 현상이 발생됨.

❸ 조치

■ 조치 내용

- MF11의 PIN 수정 후 완료

. . . .
※ MEMO ···

···

※ **참고**

〈 CAN 파형의 종류 〉

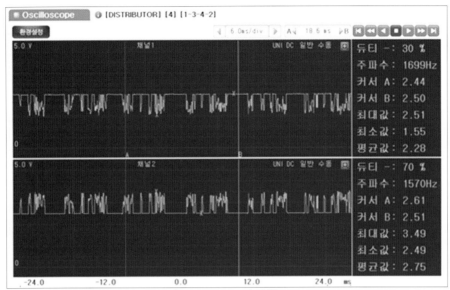

※ C-CAN 통신 파형

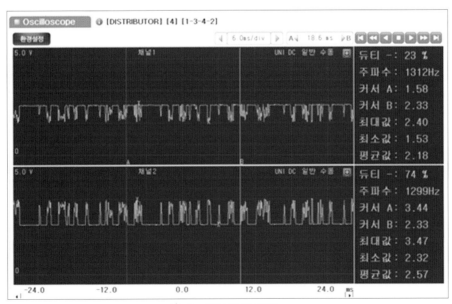

※ P-CAN 통신 파형

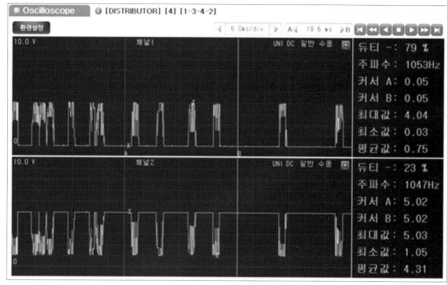

✳ B-CAN 통신 파형

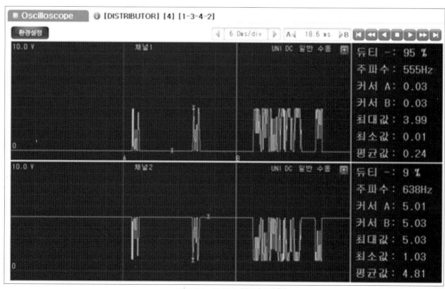

✳ M-CAN 통신 파형

제4장

기타 차종

제 4장
기타 차종

1 GM 자동차

❶ GM 네트워크 통신

GM Global Electrical Architecture(Global A)라고 하는 표준에 기반하여 다음과 같은
통신 방식이 적용된다.

1) HS-GMLAN(지엠 랜 하이 스피드 통신 : 꼬인 2선-고속) : 파워트레인 제어

① 2가닥 꼬인 배선 : 전자기파 간섭(EMI ; Electro Magnetic Interference) 감소
② 저전압/2개의 신호 : 라디오 주파수 간섭(RFI ; Radio Frequency Interference)감소
③ 통신회로 양 끝에 있는 모듈 내부에 120Ω의 저항(Terminator)이 각각 설치됨.
④ 전송률 : 500 kbps(Class II는 10.4 kbps, UART는 8.2 kbps 이다)
⑤ 신호 전압 : high 단자와 low 단자는 서로 역상의 전압 파형을 보임
⑥ high 단자 : 2.5V ~ 3.5V, − low 단자 : 2.5V ~ 1.5V

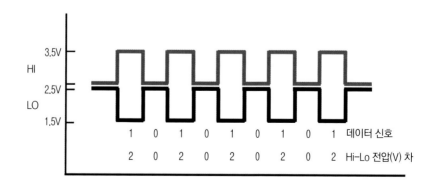

206

2) MS-GMLAN(지엠 랜 미들 스피드 통신 : 꼬인 2선 − 중속) : 핸즈프리 제어

① 2가닥 꼬인 배선 : 전자기파 간섭(EMI ; Electro Magnetic Interference) 감소
② 저전압/2개의 신호 : 라디오 주파수 간섭(RFI ; Radio Frequency Interference) 감소
③ 통신회로 양 끝에 있는 라디오 제어모듈 내부와 핸즈프리 모듈(UHP) 커넥터에서
   10cm 정도 떨어진 I.P 배선에 120Ω의 저항(Terminator)이 각각 설치되어 있다.
④ 신호 전압 : high 단자와 low 단자는 서로 역상의 전압 파형을 보임
⑤ high 단자 : 2.5V ~ 3.5V, − low 단자 : 2.5V ~ 1.5V

3) LS-GMLAN(지엠 랜 로우 스피드 통신 : 1선 − 저속) : 전장 제어

4) LIN Bus(린 통신 : 1선−저속) : 파워윈도우/ 선루프/ 이모빌라이저

5) Chassis Expansion Bus(섀시 통신 : 꼬인 2선 − 고속) : ESC 제어

6) COMM Bus(기타 통신) : RFA − BCM

✳ 참고

〈 통신회로 관련 점검방법 〉
   1. 진단기를 이용하여 모듈을 진단한다.
   2. ALDL단자(DLC단자)의 6번과 14번의 저항을 측정한다.
   3. 배터리 단자체결상태 및 해당되는 모듈의 전원(관련휴즈와 접지)을 확인한다.
   4. 관련모듈과 연결된 배선을 움직이면서 확인한다.
   5. 관련 배선커넥터의 내부 핀과 터미널 상태(전원,접지)를 확인한다.
   6. 관련 모듈을 점검 및 확인한다.

❷ 통신 네트워크 구성도

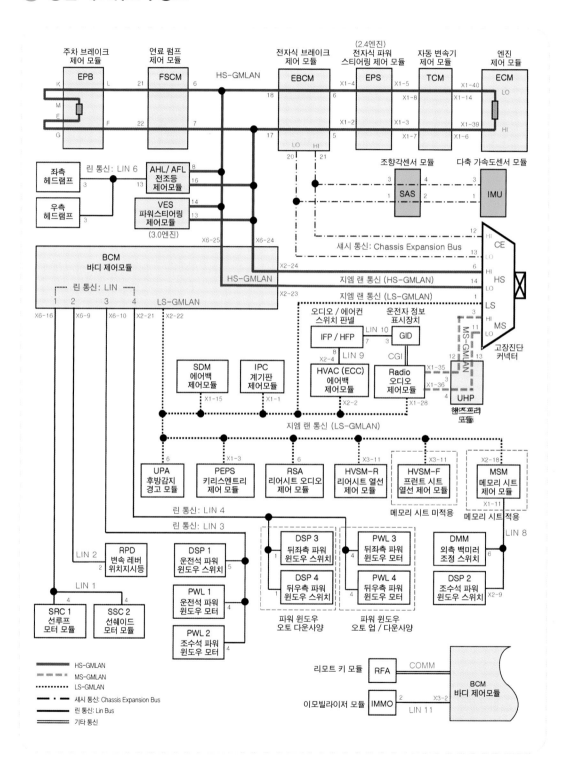

❸ 정비 사례
LS GMLAN 결함코드 점등 – ESP 점검 메시지

1) 진단

- ▣ **차종** : 알페온 2.4
- ▣ **고장 증상**
  - 주행 중 간헐적으로 계기판에 "ESP 점검요망" 메시지 표출
  - LS GMLAN 결함코드 확인됨.

- ▣ **정비 이력**
  - TCM 교환.
  - 경고등 다회 소거.
  - EBCM 교환/YAW 센서 교환
  - 주차 브레이크 모듈을 탈거하여 배선 모듈 핀 확인/핀 벌어짐 확인
  - 로우 스피드 관련 JX201, JX200 스플라이스 팩을 제거하고 직접 연결함.
  - 하이 스피드 관련 스플라이스 J240, J241을 확인(특이점 없음)

2) 점검

- ▣ **점검 내용**
  - MDI를 통하여 경고등 정보 확인시 전자 브레이크 컨트롤 모듈에 U-code가 발생되고 이후 주차브레이크 컨트롤 모듈 다축 가속 센서 모듈 등으로 경고등 정보가 입력됨

컨트롤모듈		DTC	증상 바이트	설명	증상 설명	상태
바디 컨트롤 모듈	6	U0168	00	키리스 엔트리 컨트롤 모듈과 통신 단절	…	통과 및 실패
계기판	8	U0184	00	라디오와 통신단절	…	통과 및 실패
전자 브레이크 컨트롤 모듈		U0074	00	컨트롤 모듈 통신 버스 B Off	…	과거
전자 브레이크 컨트롤 모듈		U0126	00	스티어링휠 각도 센서 모듈과 통신 두절	…	과거
전자 브레이크 컨트롤 모듈	1	U0125	00	다축 가속 센서 모듈과 통신 단절	…	과거
전자 브레이크 컨트롤 모듈		U0428	72	스티어링 휠 앵글 센서 모듈로부터 유효하지 않은 데이터 수신	메시지 카운터 올바르지 않음	과거
전자 브레이크 컨트롤 모듈		U0432	7F	다축가속 센서 모듈로부터 수신된 데이터 유효하지 않음	버스 신호 불안정	과거
전자 브레이크 컨트롤 모듈		U0432	72	다축 가속 센서 모듈로부터 수신된 데이터 유효하지 않음	메시지 카운터 올바르지 않음	과거
주차 브레이크 컨트롤 모듈	2	U0561	71	시스템 가동 불능 정보 저장	데이터 유효하지 않음	과거
다축 가속 센서 모듈	3	U0121	00	전자 브레이크 컨트롤 모듈과 통신 단절	장애	과거
파워 스티어링 컨트롤 모듈	4	U0415	00	전자브레이크 컨트롤 모듈로부터 수신된 데이터 유효하지 않음	장애	과거
스티어링 휠 앵글 센서모듈	5	U0073	00	CAN 버스 통신	…	과거
SDM 모듈	7	U0184	00	라디오와 통신 단절	…	과거
이동 전화기 컨트롤 모듈	9	U0020	00	저속 CAN 버스	장애	과거
이동 전화기 컨트롤 모듈		U0184	00	라디오와 통신단절	장애	과거
HVAC 컨트롤 모듈	10	U0184	00	라디오와 통신단절	…	과거

✳ **전자 브레이크 컨트롤 모듈 입력코드**

- LS GMLAN 관련 배선을 우선 점검키로 함 : 전자 브레이크 컨트롤 모듈에 입력된 코드를 위주로 우선 점검 실시(스티어링 휠 각도 센서/다축 가속도 센서 등...)
- 스티어링 휠 앵글 센서(SAS) 점검 : SAS의 점검을 위하여 커넥터 탈거 시 힘없이 커넥터가 빠짐(완전 체결된 상태이면 손으로 당겨서는 탈거가 안 되어야 정상임)
- 기타 : LS 관련 배선 이상 없음

✳ 스플라이스 팩은 이상 없음

✳ SAS 커넥터 헐거움

3) 조치

▣ 조치 내용

- SAS 커넥터의 체결 불량에 의해 주행 중 커넥터의 흔들림으로 경고등이 점등되며, 계기판의 정보 표시판에 "ESP 점검 요망"이란 메시지가 표출된 것으로 확인하고 체결한 후 완료.

. . . .
✳ MEMO ....

② 쌍용 자동차 정비사례
– 주행 중 경고등 점등, 재시동시 시동불량

① 진단

- **차종** : 체어맨 H
- **고장 증상**
  - 주행 중 ESP 경고등 점등
  - 경고등 점등 후 시동 안 꺼짐
  - 강제 시동 OFF 후 재시동시 시동 불량

- **고장 코드**
  - ECU : P0600 H CAN 통신 : 통신 중단(BUS OFF)
  - TCU : P2300 H CAN 통신 : 컨트롤러 1이상
  - ESP : C1616 CAN 통신 : 통신 이상
  - SKM : B115C C CAN 통신 : P–CAN 통신 이상
  - SAS : C2503 C CAN 통신 : 통신 중단

② 점검

- **점검 내용**
  - 엔진 FUSE BOX 점검
  - 통신 중단인 내용을 우선 점검.

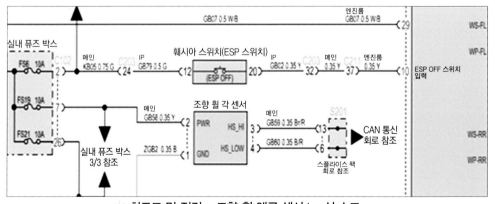

✳ 회로도 및 점검 – 조향 휠 앵글 센서 low선 쇼트

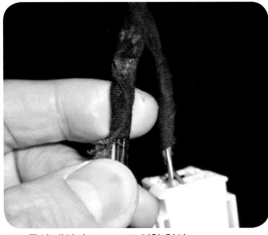

✳ 스티어링 컬럼 샤프트의 스크루 부위와 SAS CAN 통신 배선의 SHORT로 인한 현상

❸ 조치

▣ 조치 내용

– SAS CAN 배선 SHORT 와이어링 수정 후 완료.

❹ 포인트

구 분	P-CAN SHORT시 체어맨 W와 체어맨 H의 발생 현상 차이
체어맨 W	1. 시동 ON상태에서 문제 발생 시 시동 OFF 안됨 (스타터 SW 3초 이상 시 OFF 됨) 2. 시동 OFF 후 재시동시 시동 불량 발생 3. IG ON은 되나 OFF 안됨 4. 자기진단 시 P-CAN 관련 모든 유닛 진단 안됨 5. 계기판 P. R. N. D 인식 안됨
체어맨 H	1. 시동 ON상태에서 문제 발생 시 시동 OFF 안됨 (스타터 SW 3초 이상 시 OFF 됨) 2. 시동 OFF 후 재시동시 시동 불량 발생 3. IG ON/OFF 잘됨 4. 자기진단 시 P-CAN 관련 모든 유닛 진단 이루어짐 5. 계기판 P. R. N. D 인식 안됨

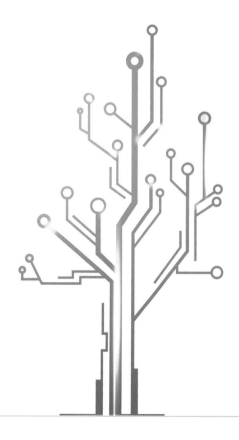

현대자동차
CAN 계통도

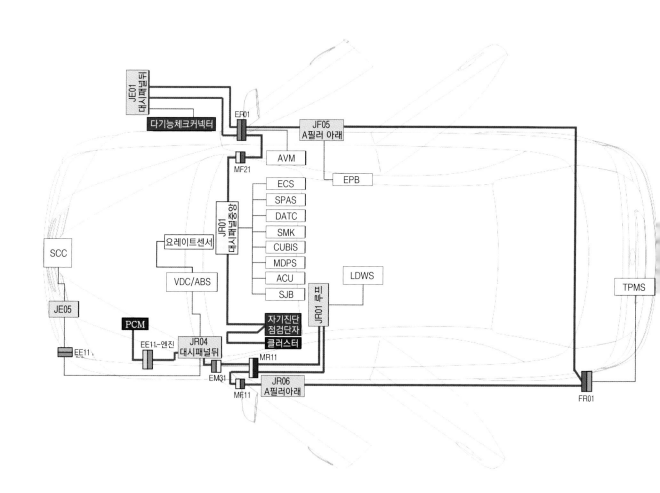

1 C-CAN 계통도(HG 람다 II 3.3 GDI 12MY)

제 5장 현대자동차 CAN 계통도

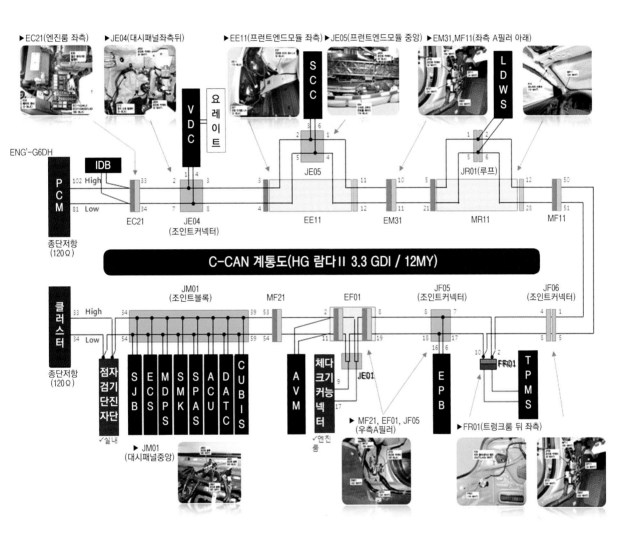

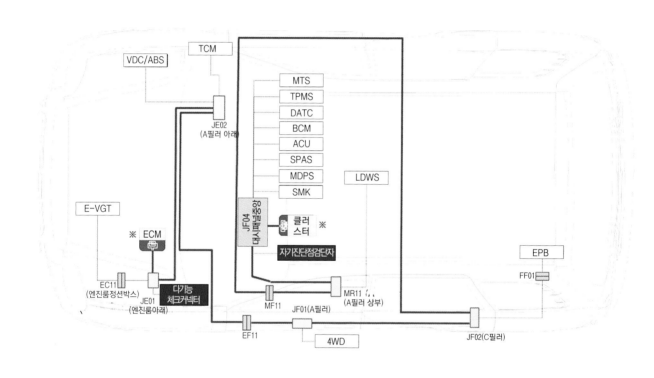

VDC/ABS
TCM
MTS
TPMS
DATC
BCM
ACU
SPAS
MDPS
SMK
LDWS
E-VGT
JE02
(A필러 아래)
※ ECM
JF04 정션박스
클러
스터 ※
자기진단점검단자
EPB
FF01
EC11
(엔진룸정션박스)
다기능
체크커넥터
JE01
(엔진룸아래)
MF11
JF01(A필러)
MR11
(A필러 상부)
EF11
4WD
JF02(C필러)

2 C-CAN 계통도(DM D-2.2 TCI-R 13MY)

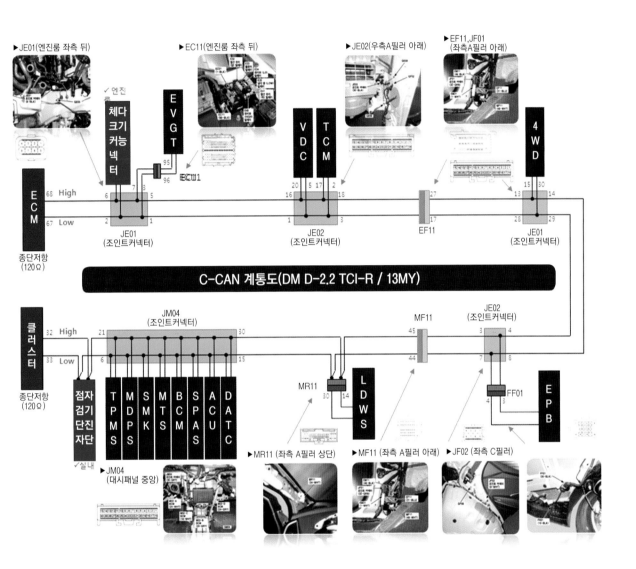

▶JE01(엔진룸 좌측 뒤)　　　▶EC11(엔진룸 좌측 뒤)　　　▶JE02(우측A필러 아래)　　▶EF11,JF01
(좌측A필러 아래)

✓엔진룸
체다크기커능넥터
EVGT
VDC
TCM
4WD

ECM
68 High
67 Low
종단저항
(120Ω)

JE01
(조인트커넥터)
JE02
(조인트커넥터)
EF11
JE01
(조인트커넥터)

C-CAN 계통도(DM D-2.2 TCI-R / 13MY)

클러스터
32 High
33 Low
종단저항
(120Ω)

점자검기단진자단

JM04
(조인트커넥터)

MF11
JE02
(조인트커넥터)

TPMS
MDPS
SMK
MTS
BCM
SPAS
ACU
DATC

MR11
LDWS
FF01
EPB

✓실내

▶JM04
(대시패널 중앙)

▶MR11 (좌측 A필러 상단)　▶MF11 (좌측 A필러 아래)　▶JF02 (좌측 C필러)

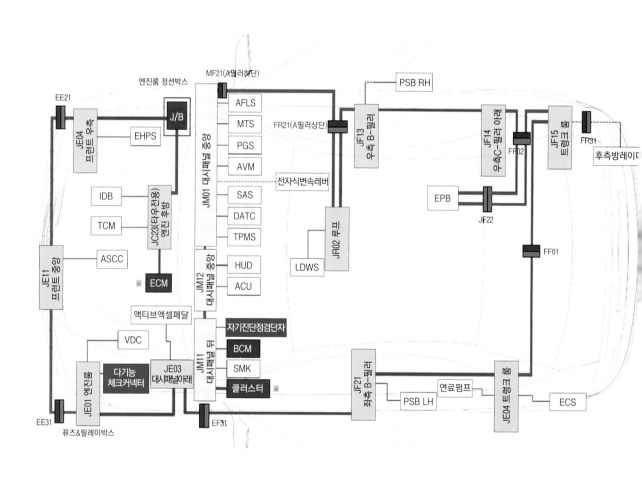

3 C-CAN 구성도(VI 타우-5.0/13MY)

제 5장 현대자동차 CAN 계통도

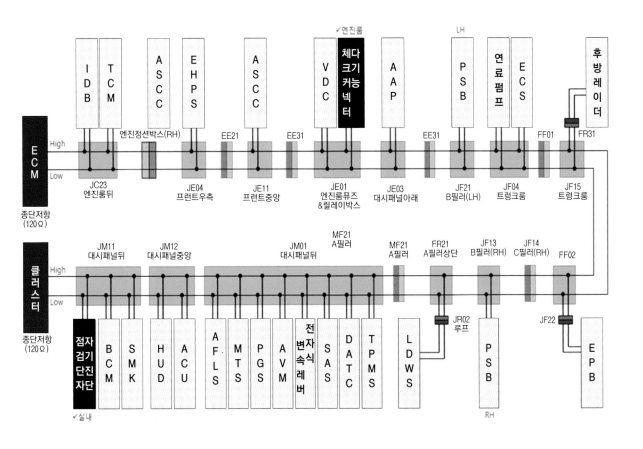

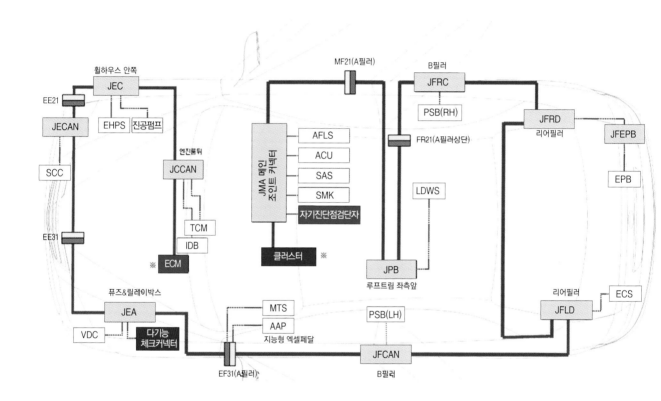

휠하우스 안쪽
JEC
EE21
JECAN
EHPS 진공펌프
SCC
엔진룸뒤
JCCAN
EE31
TCM
IDB
퓨즈&릴레이박스
JEA
VDC
다기능
체크커넥터
ECM

JMA 메인
조인트 커넥터
AFLS
ACU
SAS
SMK
자기진단점검단자
클러스터 ※

MF21(A필러)

MTS
AAP
지능형 엑셀페달
EF31(A필러)

FR21(A필러상단)

LDWS

JPB
루프트림 좌측앞

PSB(LH)

JFCAN
B필러

B필러
JFRC
PSB(RH)
JFRD
리어필러
JFEPB
EPB
JFLD
리어필러
ECS

4 C-CAN 구성도(BH 람다II-3.8/13MY)

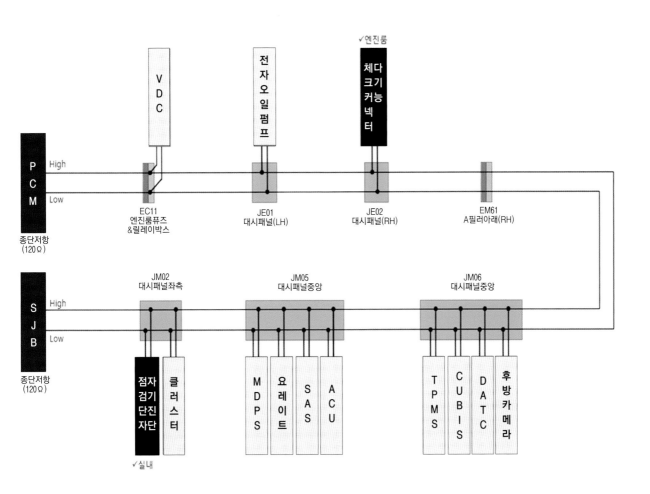

5 C-CAN 구성도(YF 2.0-DOHC/12MY)

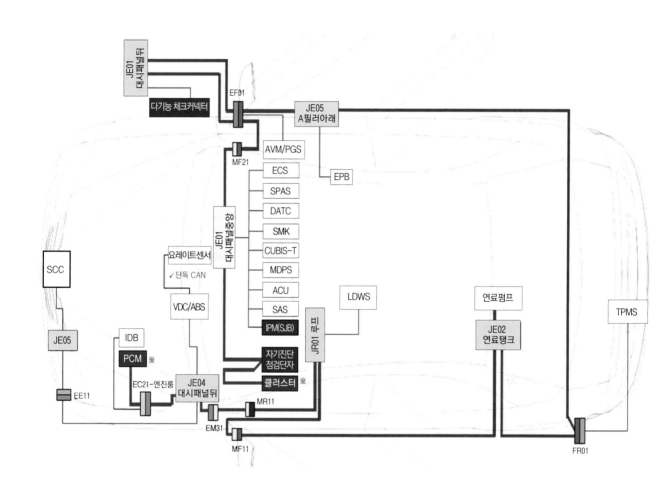

6 C-CAN 구성도(HG 람다II-3.3/13MY)

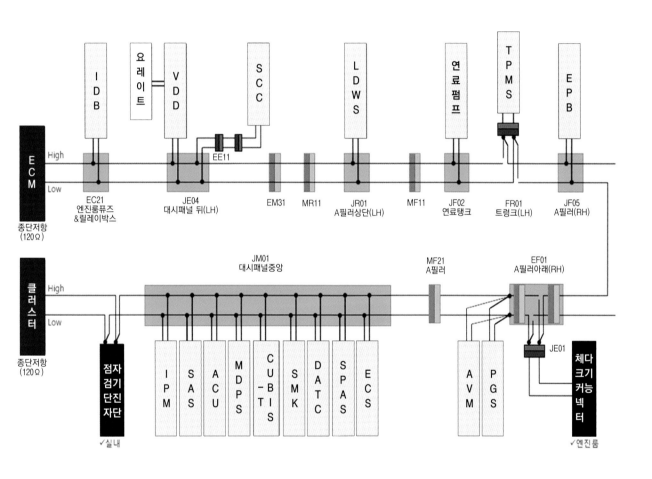

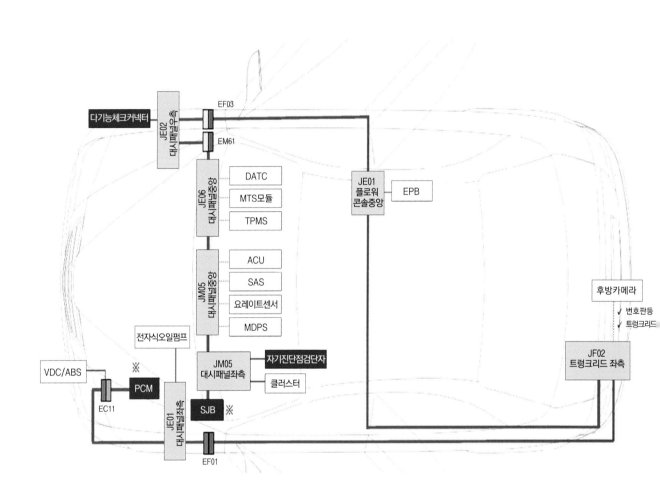

다기능체크커넥터

JE02
대시패널우측

EF03

EM61

JE06
대시패널중앙

DATC

MTS모듈

TPMS

JM05
대시패널중앙

ACU

SAS

요레이트센서

MDPS

JE01
플로워
콘솔중앙

EPB

후방카메라

번호판등

트렁크리드

전자식오일펌프

JM05
대시패널좌측

자기진단점검단자

클러스터

JF02
트렁크리드 좌측

VDC/ABS

※

PCM

EC11

JE01
대시패널좌측

SJB   ※

EF01

7 C-CAN 구성도(YF NU-2.0/13MY)

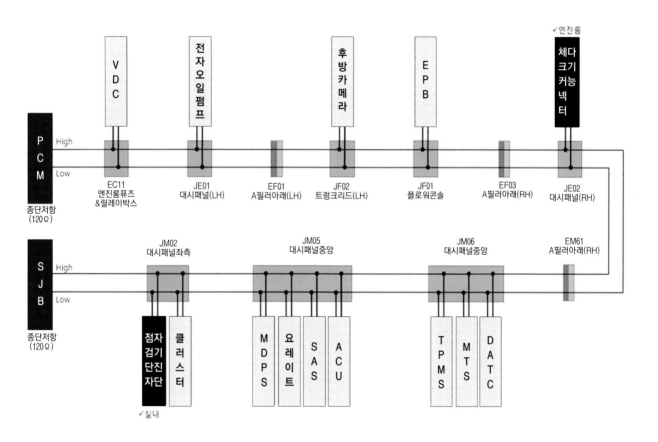

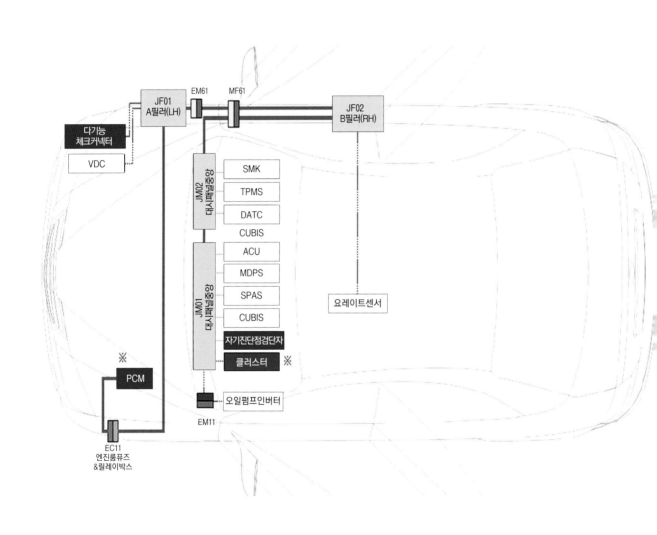

JF01 A필러(LH)	EM61 MF61
	JF02 B필러(RH)

다기능
체크커넥터

VDC

JM02 실내접속점

SMK
TPMS
DATC
CUBIS

JM01 실내접속점

ACU
MDPS
SPAS
CUBIS
자기진단점검단자
클러스터 ※

요레이트센서

※

PCM

오일펌프인버터

EM11

EC11
엔진룸퓨즈
&릴레이박스

8 C-CAN 구성도(MD 감마-1.6/13MY)

제 5장 현대자동차 CAN 계통도

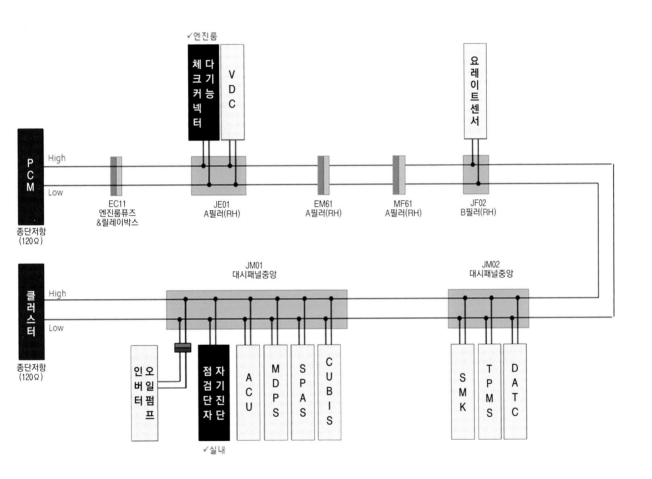

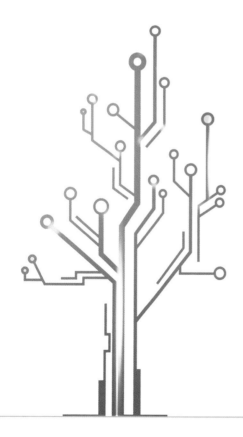

제6장

기아자동차
CAN 계통도

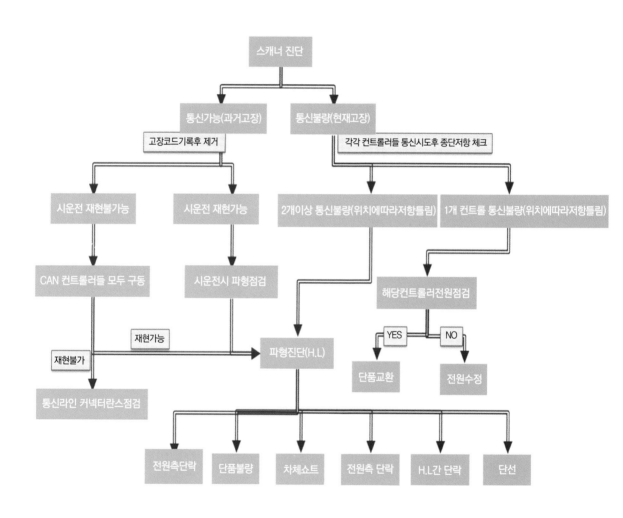

1 CAN 진단 차트

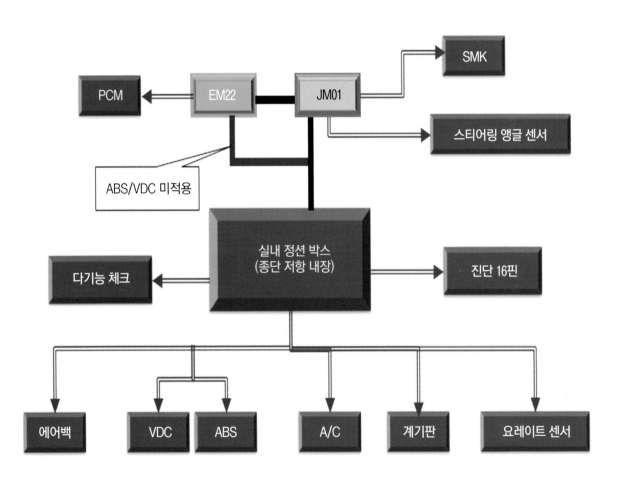

2 TA 모닝

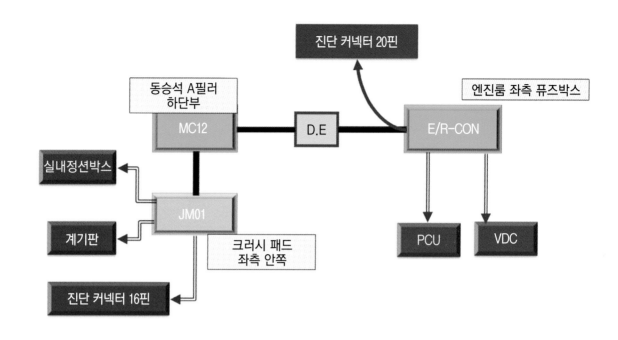

3 카렌스(UN)

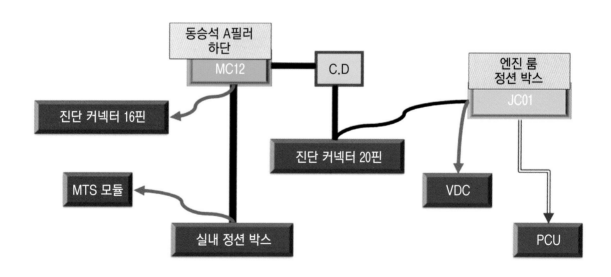

4 로체

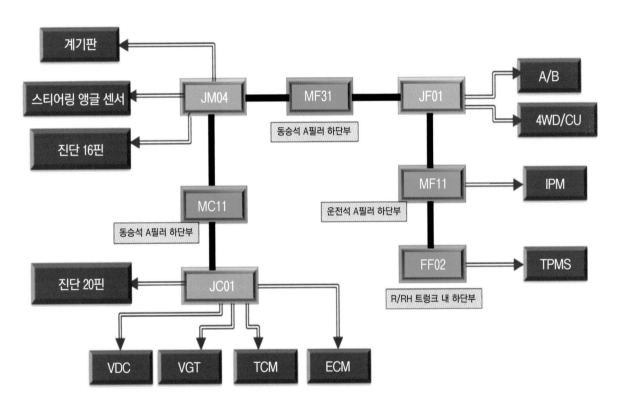

5 쏘렌토 R

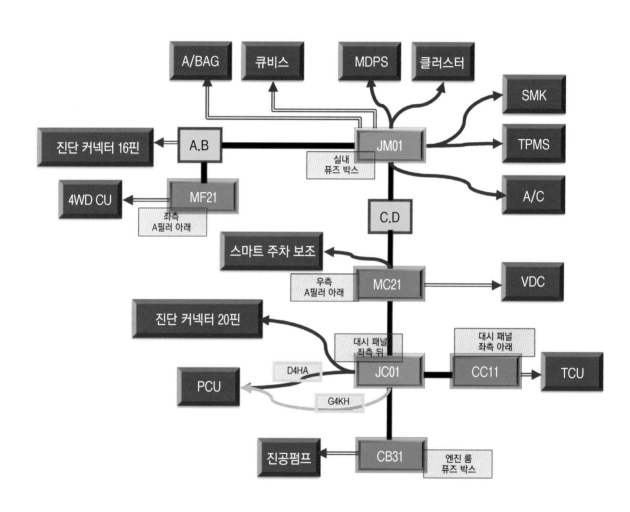

6 뉴 스포티지(13MY)

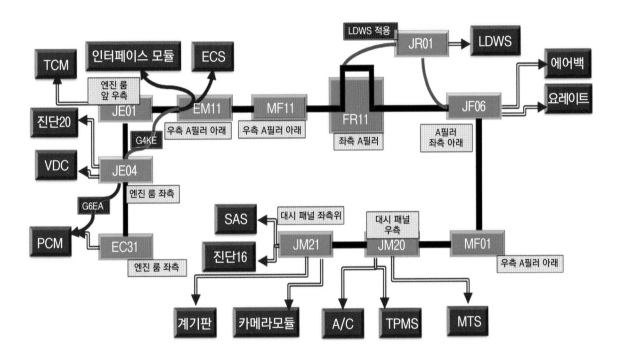

7 K7(10MY)

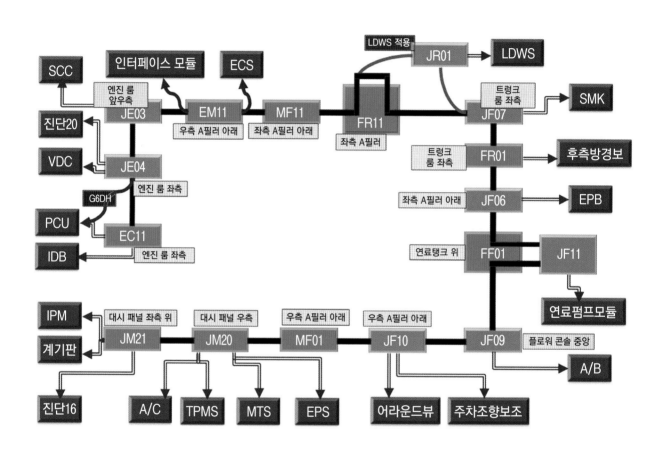

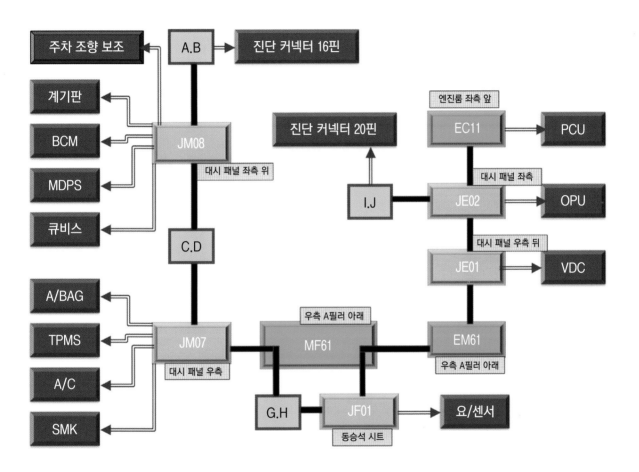

9 **K3**

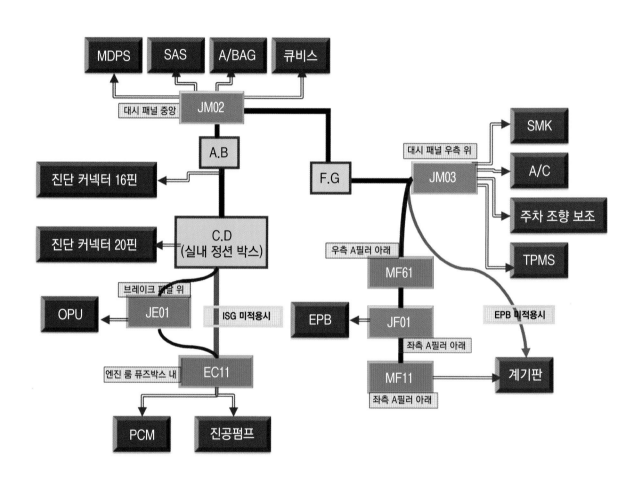

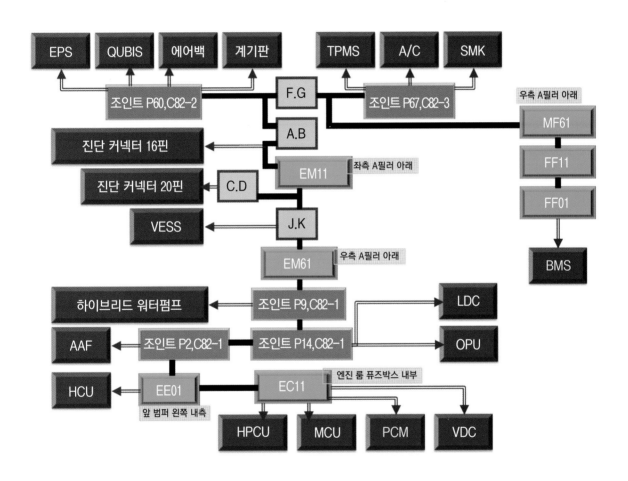

11 K5 하이브리드

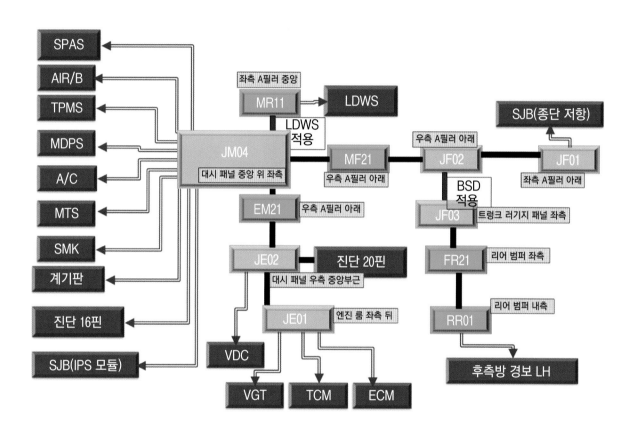

12 뉴 쏘렌토 R

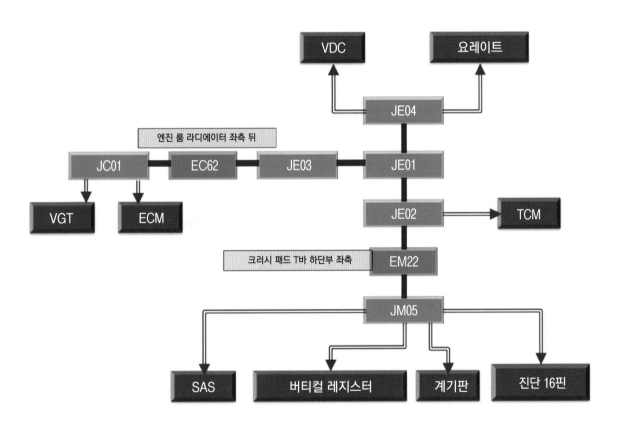

13 그랜드카니발 2.2

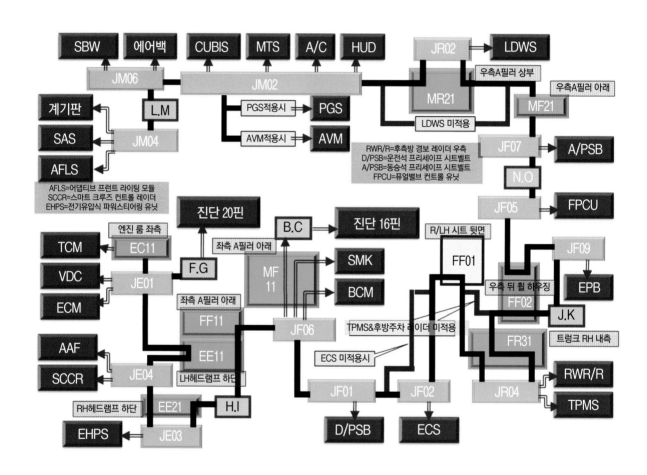

제7장

쌍용자동차
CAN 계통도

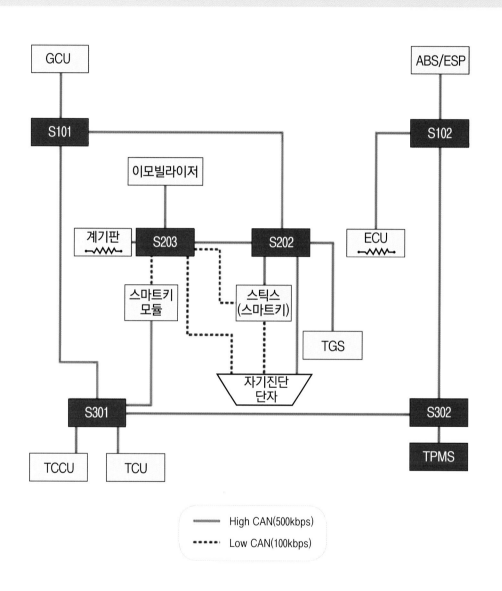

1 **렉스턴 W**　　　　*(1)* **캔 통신 구성도**

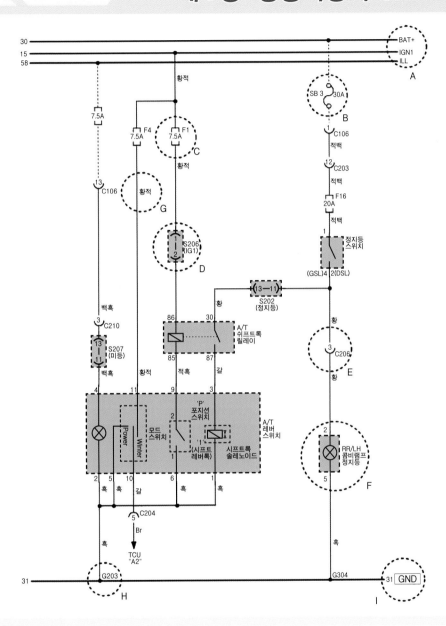

(2) 전기 회로도(렉스턴 W)

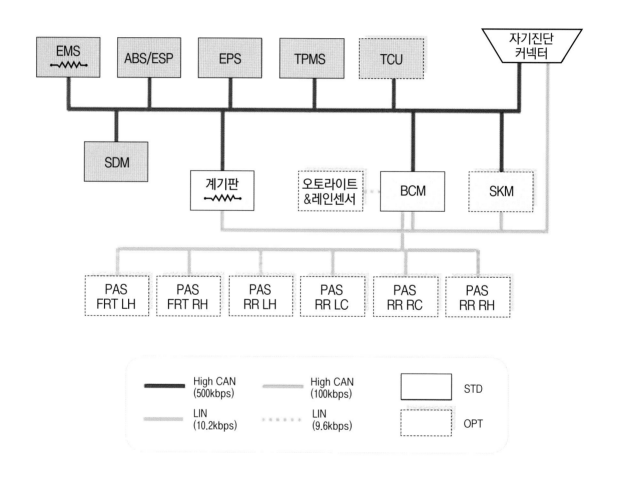

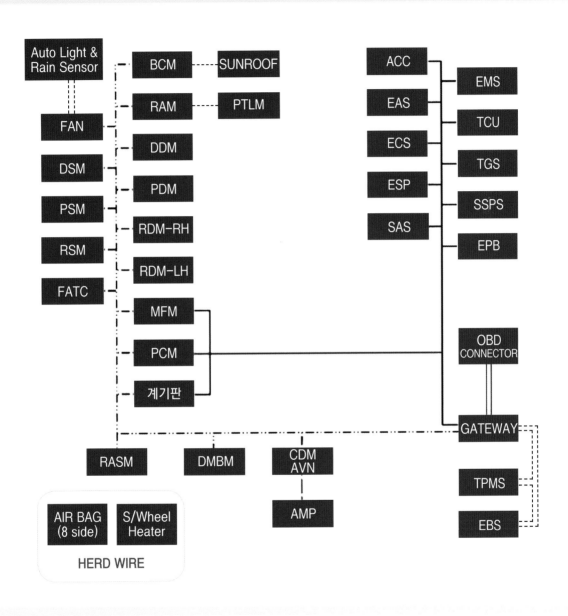

3 체어맨 W

(1) 캔 통신 구성도

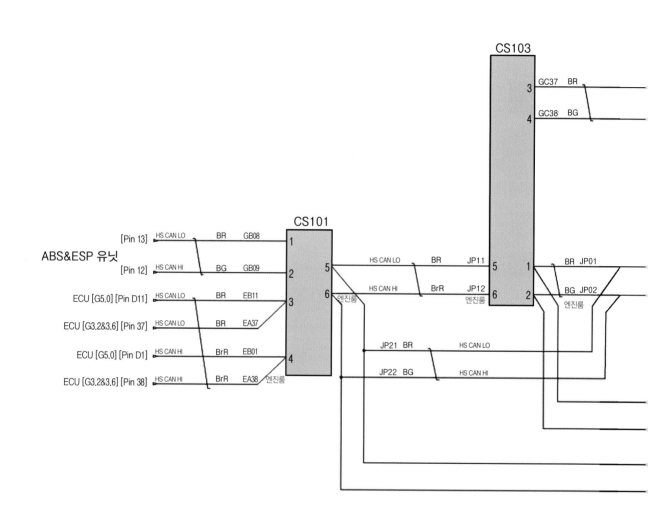

CS103

3 GC37 BR
4 GC38 BG

CS101

ABS&ESP 유닛

[Pin 13] HS CAN LO BR GB08 1
[Pin 12] HS CAN HI BG GB09 2
ECU [G5.0] [Pin D11] HS CAN LO BR EB11 3
ECU [G3.2&3.6] [Pin 37] HS CAN LO BR EA37
ECU [G5.0] [Pin D1] HS CAN HI BrR EB01 4
ECU [G3.2&3.6] [Pin 38] HS CAN HI BrR EA38 엔진룸

5
6 엔진룸

HS CAN LO BR JP11 5 1 BR JP01
HS CAN HI BrR JP12 6 2 BG JP02
엔진룸 엔진룸

JP21 BR HS CAN LO
JP22 BG HS CAN HI

3 체어맨 W

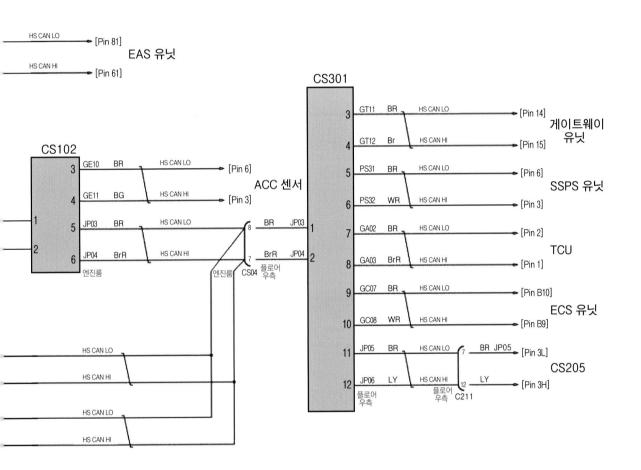

HS CAN LO   [Pin 81]

HS CAN HI   [Pin 61]

EAS 유닛

CS301

3	GT11	BR	HS CAN LO	[Pin 14]	게이트웨이
4	GT12	Br	HS CAN HI	[Pin 15]	유닛
5	PS31	BR	HS CAN LO	[Pin 6]	SSPS 유닛
6	PS32	WR	HS CAN HI	[Pin 3]	
7	GA02	BR	HS CAN LO	[Pin 2]	TCU
8	GA03	BrR	HS CAN HI	[Pin 1]	
9	GC07	BR	HS CAN LO	[Pin B10]	ECS 유닛
10	GC08	WR	HS CAN HI	[Pin B9]	
11	JP05	BR	HS CAN LO	BR JP05 [Pin 3L]	CS205
12	JP06	LY	HS CAN HI	LY [Pin 3H]	

CS102

3	GE10	BR	HS CAN LO	[Pin 6]
4	GE11	BG	HS CAN HI	[Pin 3]
5	JP03	BR	HS CAN LO	
6	JP04	BrR	HS CAN HI	

ACC 센서

엔진룸

엔진룸   CS04   플로어 우측

8   BR   JP03   1

7   BrR   JP04   2

플로어 우측

7 BR JP05

12 LY

C211

HS CAN LO

HS CAN HI

HS CAN LO

HS CAN HI

(2) 전기 회로도 #2

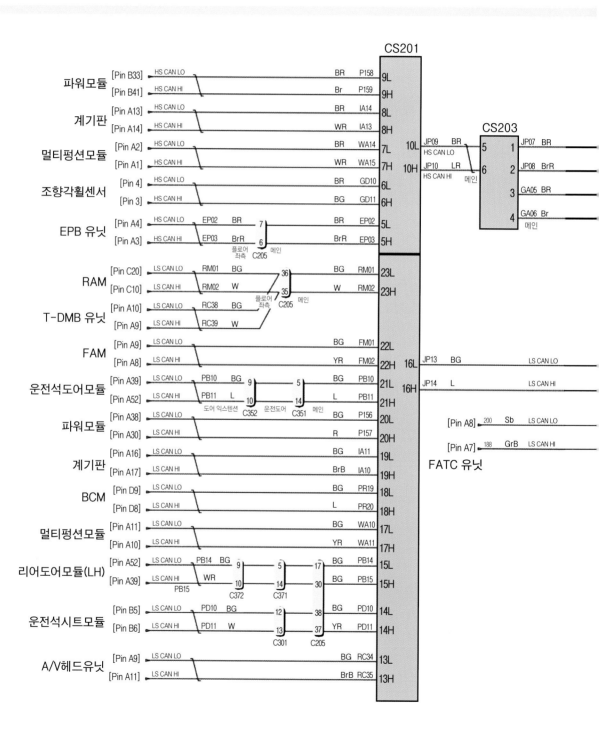

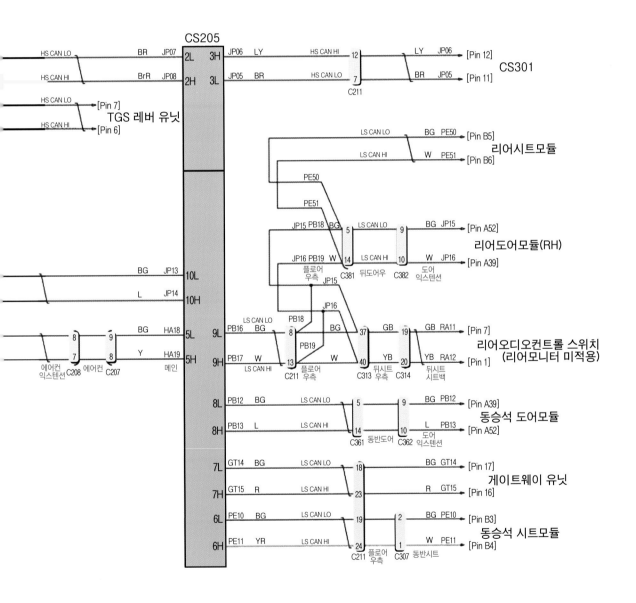

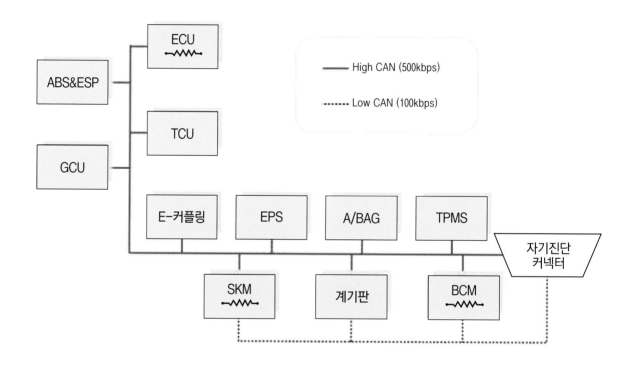

4 코란도 C

(1) 캔 통신 구성도

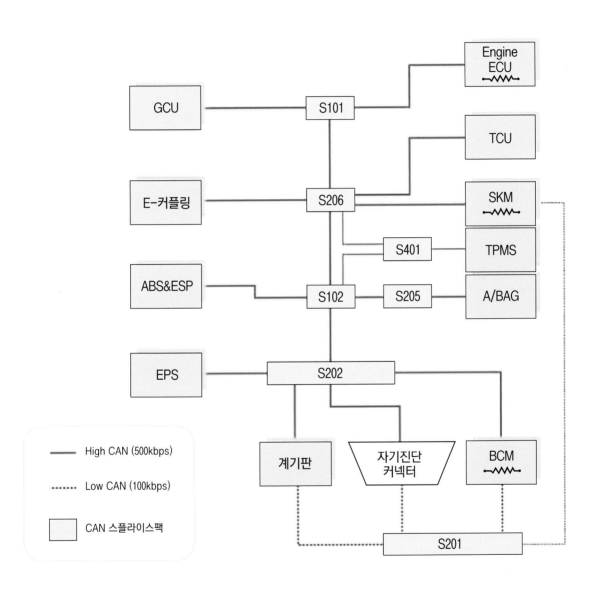

(2) 통신 결선도

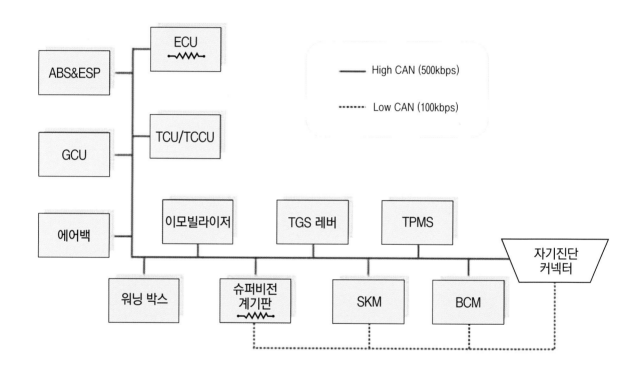

5 **코란도 투리스모**

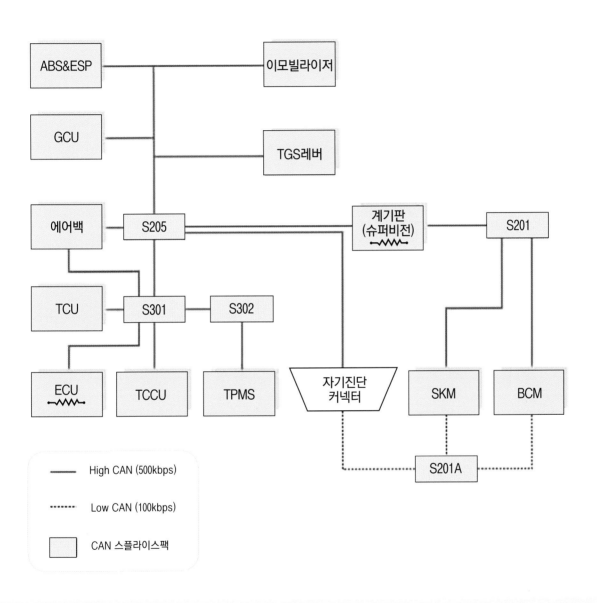

1. 현대 · 기아 자동차

약어	영문	한글
A/C	Air Conditioner	에어컨
ABS	Anti-lock Braking System	ABS
ACU	air-bag control unit	에어백 컨트롤 모듈
ADM	assistant door module	동승석 도어 모듈
AFLS	Adaptive Front Lighting System	어댑티브 헤드램프
AHLS	active hood lift control system	액티브 후드 리프트 컨트롤 모듈
AQS	Air Quality control System	외기 유해가스 제어장치
ASD	Amplitude Selective Damper	진폭 감응형 댐퍼
AV	Audio Video	오디오
AVM	around view module	어라운드 뷰 유닛
BAS	Brake Assist System	제동력 보조장치
BCM	Body Control Module	바디 전장 컨트롤 모듈
BMS	Battery Management System	배터리 제어시스템
BSD	blind spot deteksion	후측방 경보장치
CBC	Cornering Brake Control	코너링 브레이크 컨트롤
CDC/CDP	CD Changer/ Player	CD 플레이어/CD 체인저
CGW	Central Gate Way	센트럴 게이트 웨이
CLUSTER	cluster	계기판
DATC	Daul Automatic Temperature Control	에어컨 컨트롤 모듈
DDM	driver door module	운전석 도어 모듈
DIS	Driver Information System	디아이에스
DMB	Digital Multimedia Broadcasting	DMB TV

약어	영문	한글
DTC	Diagnosis Trouble Code	자기진단 코드
EAS	Electronically controlled Air Suspension	전자제어 에어 서스펜션
EBD	Electronic Brake-force Distribution	전자식 제동력 분배장치
ECW	electric control wiper	전자식 와이퍼 시스템
ECM Mirror	Electronic Chromic Mirror	감광식 미러
ECS	electronic control suspension	전자식 현가장치
EHPS	Electro Hydraulic Power Steering	전기 유압식 파워 스티어링
EMS	Engine Management System	엔진 제어 시스템
EPB	electronic parking brake module	전자식 파킹 브레이크 모듈
EPS	Electronic Power Steering	전자식 파워 스티어링
ESC	Electronic Stability Control	차체 자세 제어장치
FBWS	front back warning system	전방 경보 시스템
FATC	Full Automatic Temperature Control	오토 에어컨 컨트롤러
FAM	front area module	프런트 에어리어 모듈
HID Headlamp	High Intensity Discharge Headlamp	HID 헤드램프
HMSL	High Mount Stop Lamp	보조 제동등
HUD	head up display	헤드업 디스플레이
IMS	Integrated Memory System	통합 메모리 시스템
LDWS	lane departure warning system	차선 이탈 경보장치
LKAS	lane keeping assist system	차선 이탈 방지장치
MDPS	Motor Driven Power Steering	전동식 파워 스티어링
MFSW	multi-function switch	다기능 스위치

1. 현대 · 기아 자동차

약어	영문	한글
MTS	Mobile Telematics System	차량 정보 단말기
NVH	NOISE, VIBRATION, HARSHNESS	소음, 진동, 하시니스
PAS	Parking Assist System	주차 보조 시스템
PCM	Power train Control Module	통합 제어 모듈
PGS	parking guide system	주차 가이드 유닛
PIC	Personal IC Card	스마트 키 시스템
PSB	pre-safe seat belt unit	프리세이프 시트벨트 유닛
PTM	power trunk module	파워 트렁크 모듈
SAS	steering angle sensor	스티어링 앵글 센서
SCC	Smart Cruise Control	스마트크루즈컨트롤
SCM	Steering column module	스티어링 틸트&텔레스코픽모듈
SJB	Smart Junction Box	스마트 정션 블록
SMK	Smart key control module	스마트 키 컨트롤 모듈
SPAS	smart parking assist system	주차 조향 보조 컨트롤 모듈
SWRC	steering wheel remote control sw	클럭 스프링
TCM	Transmission Control Module	자동변속기 제어 모듈
TCS	Traction Control System	트랙션 컨트롤 시스템
TPMS	Tire Pressure Monitoring System	타이어 공기압 경보장치
VDC	Vehicle Dynamic Control (Electronic Stability Control)	차체 자세 제어장치 (전자식 주행 안전장치)

2. 쌍용자동차

약어	영문	한글
ACC	Active Cruise Control	지능형 크루즈 컨트롤
APS	Adjustable Pedal System	페달 조절 시스템
BCM	Body Control Module	바디 컨트롤 모듈
CDM	Central Display Module	AV 헤드 유닛
DDM	Driver door Module	운전석 도어 모듈
DSM	Driver Seat Module	운전석 시트 모듈
EAS	Electronic Air Suspension	전자제어 에어 서스펜션
EPB	Electric Parking Brake	전기 주차 브레이크
ESCL	Electronic Steering Column Lock	전자제어 스티어링 컬럼 락
ESP	Electronic Stability Program	전기자세 프로그램
FAM	Front Area Mudule	프런트 에어리어 모듈
FATC	Full Auto Temperature Control	전자동 온도 제어장치
GWM	Gate Way Module	게이트 웨이 모듈
HID	High Intensity Discharge	고압 아크 방전 헤드램프
HLLD	Head Lamp Leveling Device	헤드램프 레벨링 디바이스
ICM	Instrument Cluster Module	계기판 모듈
OBD	On Board Diagostic	자기진단
PASE	Passive Entry & Start System	스마트 키
PASM	Rear Audio Switch Module	리어 오디오 스위치 모듈
PCM	Power Control Module	파워 컨트롤 모듈
PDM	Passenger Door Module	동승석 도어 모듈
PSM	Passenger seat Module	동승석 시트 모듈

2. 쌍용자동차

약어	영문	한글
PTLM	Power Trunk Lid Module	파워 트렁크 리드 모듈
RAM	Rear Area Module	리어 에어리어 모듈
SAS	Steering Wheel Angle Sensor	스티어링 앵글 센서
SSPS	Speed Sensing Power Steering	속도 감응형 파워핸들
TCU	Transmission Control Unit	트랜스미션 컨트롤 유닛
VEMS	Vehicle Energy Management System	차량 배터리 관리 장치

참고문헌

1. 현대기아자동차. http://www.globalserviceway.com

2. 현대자동차. 정비교육교재(Level.4)

3. 현대자동차. 복합전자제어 진단코스

사단법인
한국과학기술출판협회 회원사
Korea Science & Technology Publishers Association

저자약력 및 Q&A

유재용 – 현대자동차
윤재곤 – 서영대학교

자동차 CAN 통신 개념 & 실무

초판발행 | 2016년 3월 3일
제1판3쇄발행 | 2021년 2월 25일

편　　저 | 유재용, 윤재곤
발 행 인 | 김길현
발 행 처 | 도서출판 골든벨
등　　록 | 제 3-132호 (87.12.11)　ⓒ 2016 Golden Bell
I S B N | 979-11-5806-091-6
가　　격 | 28,000원

표지 및 본문 디자인 | 안명철
제작진행 | 최병석
오프라인 마케팅 | 우병춘 · 이대권 · 이강연
회계관리 | 이승희 · 김경아

편집 및 디자인 | 이상호 · 조경미 · 김선아
웹매니지먼트 | 안재명 · 김경희
공급관리 | 오민석 · 정복순 · 김봉식

(우) 04316 서울특별시 용산구 원효로 245 골든벨 빌딩 (원효로 1가 53-1)
● TEL: 영업부 02-713-4135 / 편집부 02-713-7452
● FAX: 02-718-5510　● 홈페이지: www.gbbook.co.kr　● 이메일: 7134135@naver.com

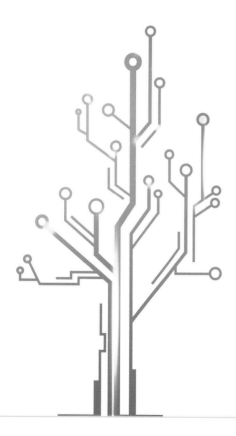